l’Espace

星空寻梦

梦想照进现实的乐章

[法] 罗兰 · 勒乌克（Roland Lehoucq）
[法] 弗洛朗丝 · 波塞尔（Florence Porcel） 著
王彤 译

中国出版集团
中译出版社

（如无特别说明，本书插图均为原书插图。）

地平线上的凸月。此图为国际空间站在伊朗上空约 422 千米处拍摄的照片，摄于 2021 年 3 月 27 日。

从 SpaceX 公司的龙飞船上拍摄的国际空间站太阳能电池翼。2021 年 5 月 20 日，该图摄于阿根廷和南非之间的南大西洋上空约 436 千米处。

目 录

第一章

太空

► 从位于拉丁美洲上空的国际空间站俯拍的地球。本图由亚历山大·格斯特摄于2014年。

千载夙愿

“月球是离地球最近的天体，对于人类而言一向可望而不可即，也正是它点燃了人们对太空旅行的最初激情。

生活在2世纪的修辞学家琉善（Lucien）是头一个讲述登月传说的人。出生于萨摩萨塔[①]的他用希腊语写下了《一个真实的故事》（*Histoire véritable*）。虽然号称要讲一个‘真实的故事’，但此书其实意在讽刺古代著名地理学家们记叙的那些离谱的冒险和战斗事迹。琉善嘲笑这些名家把荒诞不经的传说讲得跟真的一样。在他眼里，这些所谓的‘历险记’其实都是胡编乱造的产物，只不过利用了人们的无知和轻信罢了。于是，在《一个真实的故事》中，琉善故意以真切可信的笔调写了一个离奇的幻想故事：正当主人公们在波涛汹涌的大海上航行之时，琉善把他们全送上了月球。”

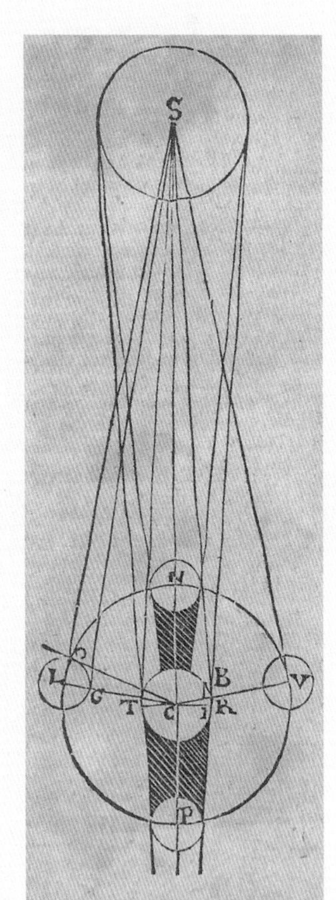

▲ 约翰尼斯·开普勒所著《梦，或月球天文学》。开普勒去世后，本书在1634年出版。如图，开普勒在书中介绍了日月食的原理。

① 位于当今叙利亚某省境内。——译者注

◀ 闵希豪森男爵正攀着土耳其豌豆藤登上月球。本图是鲁道尔夫·埃里希·拉斯伯（Rudolf Erich Raspe, 1736—1794）所著《闵希豪森男爵历险记》英文版中所附的彩色插图，由阿尔方斯·阿道夫·比沙尔（Alphonse Adolphe Bichard,1841—1926）绘制于1886年前后。

▲ 探月尝试：迪尔科纳身上绑着露水瓶，受到阳光照射后，露水瓶带他成功升空。此图为西拉诺·德·贝尔热拉克的《月球上的国家和帝国的趣史》（1657）荷兰版的版画插图。1709 年，本书荷兰版由出版商雅克·德博尔德印刷发行于阿姆斯特丹。

一段悠久的历史

天文学家约翰尼斯·开普勒（1571—1630）著有《梦，或月球天文学》（*Songe ou l' Astronomie lunaire*，出版于 1634 年，下文简称《梦》）一书。开普勒的写作目的可谓和琉善的大相径庭。坚信哥白尼日心说的开普勒渴望从一个全新的视角来揭示诸星体的运动情况。他在《梦》里开展理想实验[1]，构想出月球上的旅人眼中的地球、太阳及其他行星的运动景象。本书用拉丁语写成，主人公是一个醉心于天文学的冰岛人。在女巫母亲的帮助下，冰岛人与魔鬼们进行了交流。其中一个魔鬼告诉他，经由地球上的一处通道，魔鬼们只花四小时便可直抵月球。但是，由于通道内过于寒冷且空气稀薄，这段旅程对于人类而言将异常艰险。

《梦》通常被视作科幻小说的鼻祖之一。开普勒也借此向人们阐释了自己对月球的认知。就在《梦》出版四年之后，英国国教主教弗朗西斯·戈德温（Francis Godwin, 1562—1633）的《月中人》（*The Man in the Moone*）也问世了。该作实际完成于 17 世纪 20 年代末，但直到作者本人离世五年之后才首次以笔名“多明戈·冈萨雷斯”发行。戈德温书中的主人公让一群野天鹅牵引着自己飞上天空，于 12 天后成功抵达月球。这本书不仅传播了哥白尼的新天文学，还提及了开普勒、伽利略及英国哲学家威廉·吉尔伯特（William Gilbert, 1544—1603）提出的假说。

《月中人》也直接启发西拉诺·德·贝尔热拉克（Cyrano de Bergerac, 1619—1655）写出了《月球上的国家和帝国的趣史》[2]（*Histoire comique des États et Empires de la Lune*）。此为西拉诺遗作，发表于 1657 年；其续集《太阳上

► 弗朗西斯·戈德温《月中人》（1638）法文版的扉页图。此书的法国版在 1666 年由 J. 科沙尔于巴黎修订发行。

① 也作“思想实验”，指科学家使用想象力进行推理，因而是一种理想化的非实物实验。实物实验易受外界因素的干扰，而理想实验则可排除干扰。——译者注

② 也见《月球上的国家史》译法。——译者注

LHOMME
DANS
LA LVNE

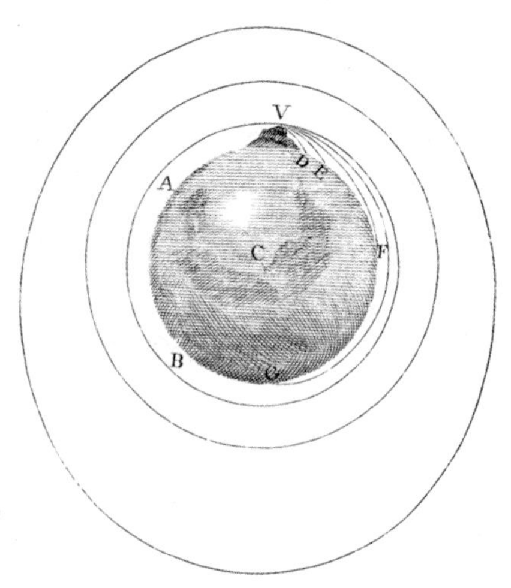

◀ 艾萨克·牛顿（1642—1727）在遗作《论宇宙的体系》（*A Treatise of the System of the World*）中展示的炮弹实验示意图。图片摘自费拉姆（F. Fayram）于1728年在伦敦修订发行的版本。

的国家和帝国的趣史》则发表于1662年。我们在后世的诸多作品中都能找到德·贝尔热拉克这本哲学小说的影子，比如，伏尔泰的《微型巨人》（1752），孟德斯鸠的《波斯人信札》（1721）以及乔纳森·斯威夫特的《格列佛游记》（1726）。《月球上的国家和帝国的趣史》其实也是作者就自己所生活的年代做出的社会、道德和哲学批评。德·贝尔热拉克想象出的所有登月方法都缺乏科学依据，他笔下的主人公[①]提出了不下五种飞天方案，其中包括做一个用装满露水的瓶子或磁铁驱动的装置。

以上这些不走寻常路的小说都被尊为科幻小说的先驱之作。它们早已道尽人类在登天过程中需要克服的困难：想要进入太空，就必须先摆脱地心引力，因此，必须往引力反方向做剧烈运动。

要想去太空，那就要飞得够快

万有引力之父艾萨克·牛顿曾经设想过人类登天要付出多大的努力。在1726年《自然哲学的数学原理》第三版（拉丁语版）中，牛顿提出了一个影响深远的理想实验："如果我们在一个山顶水平发射炮弹，并限定其速度，让它能在坠地前飞行二英里，那么当发射速度翻倍时，炮弹就将在飞出大概四英里后落地；如果速度增加到十倍，那炮弹的飞行距离也将增加到十倍（在不计空气阻力的情况下）。通过增加发射速度，我们能任意延长炮弹飞出的距离，与此同时减小其轨迹的弯曲度，使之最终落在10°、30°或90°的地方；最后，我们可以使炮弹绕地环行而永不坠落，甚至让它直线行进到天空无限远处。"

▶ 万户乘坐绑着47支烟花火箭的椅子升空。

① 主人公名为"迪尔科纳"（Dyrcona），西拉诺·德·贝尔热拉克将自己的名字"Cyrano d'"的字母打乱后组合出了这个名字。——译者注

关于如何让炮弹永远不落地，牛顿已经讲得很清楚了——飞得够快就行。

当初速度达到“第一宇宙速度”（7.9 千米 / 秒，28440 千米 / 时）时，炮弹即可绕地球飞行而不下坠；如果速度超过“逃逸速度”（11.2 千米 / 秒，40320 千米 / 时），那就可以飞出地球。卡米耶·弗拉马里翁（Camille Flammarion,1842—1925） 于 1880 年出版的《大众天文学》（*Astronomie populaire*）和儒勒·凡尔纳的小说《从地球到月球》（*De la Terre à la Lune*,1865）都涉及这一理想实验，使之更加广为人知。

而在律师兼小说家阿希尔·埃罗（Achille Eyraud,1821—1882）写下的唯一一本科幻小说《金星之旅》（*Voyage à Vénus*）中，主人公放弃了大炮，选择使用火箭来完成自己的星际之旅。本作发表于 1865 年（没错，和《从地球到月球》同年问世！），作者的灵感应该源自烟花火箭。这种火箭的发明多亏了黑火药（木炭、硝石和硫黄的混合物）的成功研制。大多数历史学家都认为，诞生于 7 世纪前后的火药是中国人的发明。此外，还有这样一个杜撰的故事流传于世：据说，在 16 世纪初[①]，一个叫万户的中国人曾尝试用火箭助推升天。他制作了一把椅子，椅下固定有 47 支火箭。正式起飞的那一天，只见万户坐上椅子，47 个侍从点燃了火箭……结果，待火箭大爆炸的烟尘散去之后，万户连人带椅早已消失得无影无踪，此后再也没人见过他。

四位先驱和一个无名者

在 19 世纪末，遨游太空已成为实实在在的工程学研究对象，不再是虚无缥缈的幻梦。

俄罗斯中学教师康斯坦丁·齐奥尔科夫斯基（Konstantin Tsiolkovsky, 1857—1935） 从 1896 年起开始研究火箭理论，并推导出了著名的齐奥尔科夫斯基公式。该公式表明，火箭能获得的速度与火箭本身质量及其所携带燃料量有关（请参看本书第 23 页框中文字）。1903 年，他将自己的研究成果汇总，发表了一篇极具前瞻性的论文——《利用反作用力设施探索宇宙空间》（*L' Exploration de l' espace cosmique par des engins à réaction*）。在论文中，齐奥尔科夫斯基阐述了如何利用反作用力驱动航天器飞入宇宙。他计算了火箭进入地球轨道需要的速度——

▶ 1940 年，在位于美国新墨西哥州罗斯威尔附近的研究中心内，罗伯特·戈达德正和助手们检查火箭发动机燃料泵。

① 应为作者笔误，实际时间为 14 世纪末。——译者注

◀ 1940 年，美国新墨西哥州罗斯威尔附近，戈达德研制的火箭被安放在发射塔中，该火箭高约 6.7 米。

▶ 1926 年 3 月 16 日，美国马萨诸塞州奥本市，罗伯特 · 戈达德在发射其研制的液体燃料火箭当天于火箭旁留影。

7.9 千米 / 秒，同时指出，以液氧和液氢为燃料的多级火箭可以达到这个速度。然而，该论文当时并没有在国外引起大的反响，直至 20 世纪中叶，齐奥尔科夫斯基的成果才得到国际认可。

第二位航天领域的开拓者是一位叫罗伯特 · 戈达德（Robert Goddard, 1882—1945）的美国工程师。戈达德年少时就对风筝和气球尤其感兴趣。1898 年，在读完了英国作家威尔斯（H. G. Wells）的著名小说《世界之战》（*La Guerre des mondes*）后，戈达德对太空探索燃起了热情。

虽然身体羸弱，但戈达德还是在 1904 年顺利完成了高中学业。在年末典礼上，作为毕业年级优秀学生代表的他说出了那句将成为自己终生信条的话：“历史已经向我们多次证明，昨日的梦想是今日的希冀，并将在明日成为现实。”在进行了几年理论研究并多次用自制的火箭进行试验后，戈达德于 1919 年发表了题为《到达极高空的方法》（*A Method of Reaching Extreme Altitudes*）的专著。他提到，在驱动火箭时，可以使用 1890 年由瑞典工程师古斯塔夫 · 德 · 拉瓦尔（Gustaf de Laval, 1845—1913）发明的拉瓦尔喷管来提升打入涡轮的气流的速度。通过将热能转化为动能，火箭里的拉瓦尔喷管可以使热气流达到超音速。多亏了这一天才创想，火箭推进装置的功率得到大幅提升。

戈达德将拉瓦尔管应用在自己的液体火箭上，以求用足够的推力将火箭送入太空。他的研究成果发表后，各界议论纷纷。对于戈达德的著作以及他在宇宙真空

◀ 1945 年，美国团队正在研究德国诺德豪森工厂内处于加工阶段的 V2 导弹。

中驱动火箭的想法，《纽约时报》在 1920 年 1 月 13 日刊出的社论文章中大加嘲讽。《纽约时报》之所以挖苦戈达德，是因为当时的人们普遍认为，火箭的推力产生自喷出的气体对周围空气的作用。但是戈达德和齐奥尔科夫斯基所见略同：他明白，火箭驱动依靠的实际是作用力和反作用力的原理，因此，即使在真空之中，火箭仍能前进。戈达德并没有被讽刺和奚落击退。1923 年，他成功研制了使用液体燃料的燃烧室；1926 年 3 月 16 日，戈达德发射了第一枚由液体燃料驱动的火箭。

1945 年春，戈达德见到了一枚德国 V2 火箭。这枚由美国军方在德国缴获的火箭被送到了马里兰州安纳波利斯的海军实验室（戈达德以前曾在该实验室工作）。在对这枚火箭进行透彻研究后，戈达德坚信：德国人偷了他的成果！

从设计理念上来看，V2 火箭与戈达德火箭之间确实存在差异，但从飞行原理的角度来讲，我们不得不说，两者实在太像了。不过必须承认的是，诞生于德国佩内明德基地的 V2 在技术上确实大大领先于戈达德设计和测试过的任何火箭。以本国太空领域先驱、物理学家及工程师赫尔曼 · 奥伯特（Hermann Oberth,1894—1989）[1] 的研究成果为依托，德国工程师沃纳·冯·布劳恩（Wernher von Braun,1912—1977）领导的小组成功研制出 V2 火箭。值得一提的是，儒勒 · 凡尔纳和德国作家库尔德 · 拉斯维茨（Kurd Lasswitz,1848—1910）笔下的太空探险也曾让奥伯特十分神往，因此，奥伯特很早就对航天和火箭产生了兴趣。1922 年，他探讨火箭科学的博士论文被德国哥廷根大学[2] 拒绝，理由是文章严重脱离实际。不过，奥伯特还是于 1923 年在罗马尼亚克卢日大学获得了论文答辩机会。同年，奥伯特将他的论文以专著形式发表，书名为《飞往星际空间的火箭》（*Die Rakete zu den Planetenräumen*）。奥伯特在书中详细解释了火箭通过反作用

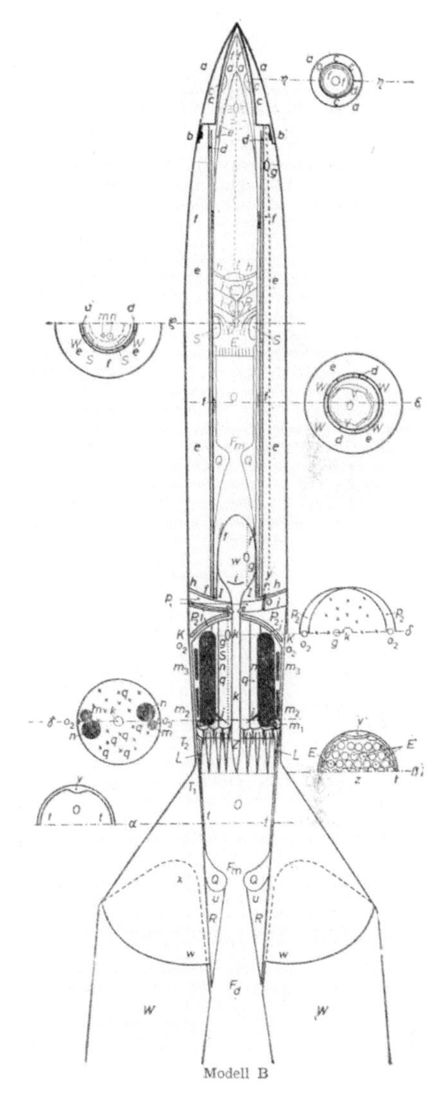

▲ 两级火箭（B 型）构造示意图。本图摘自赫尔曼 · 奥伯特 1929 年出版的《通向航天之路》。

◀ 1956 年，在美国阿拉巴马州亨茨维尔，赫尔曼 · 奥伯特与陆军弹道导弹局（ABMA）的成员合影。沃纳 · 冯 · 布劳恩就坐在奥伯特身后的桌子上。

① 出生在奥匈帝国，后加入德国籍。——译者注

② 也有说法称其是被海德堡大学所拒绝。——译者注

▲ 罗贝尔·埃斯诺-佩尔特里（1881—1957），法国工程师、太空旅行推广协会创始人。照片摄于1909年。

力实现太空飞行的理论基础，并通过独立推导得出了与齐奥尔科夫斯基相同的结论。奥伯特也预见了多级液体火箭飞入宇宙空间的可能性。1922年，戈达德还应奥伯特之请寄赠了自己的著作，他的研究极大地启发了奥伯特。1929年，奥伯特将自己的研究成果加以丰富和拓展，发表了名为《通向航天之路》（*Wege zur Raumschiffahrt*）的专著，这本书此后被视为火箭研究领域的重要参考书。奥伯特也将此书题献给了弗里茨·朗（Fritz Lang）和特娅·冯·哈堡（Thea von Harbou），因为两人在拍摄电影《月球上的女人》（*Frau im Mond*）时曾邀请他担任技术顾问。

就在1929年，奥伯特成为REP-Hirsch奖（Le Prix Robert Esnault-Pelterie-André-Louis Hirsch）的首位获奖者。该奖在法国天文学会支持下创立，旨在促进航天事业的发展。巧的是，奖项的两名创始人之一，法国航空领域先驱、飞机副翼和操纵柄的发明者罗贝尔·埃斯诺-佩尔特里（Robert Esnault-Pelterie, 1881—1957）正是我们接下来要讲的第四位航天事业引路人。实际上，佩尔特里直到1912年才转向反作用力驱动和太空飞行相关研究。当时，并不知道齐奥尔科夫斯基研究成果的他独自推导出了那个著名公式，而且计算出了从地球到达月球以及离地球较近的一些行星所需的能量。1927年，佩尔特里成立了一个推广太空旅行的协会。协会成员包括法国物理学家让·佩兰（Jean Perrin）和自1926年起就一直担任龚古尔学院主席的比利时作家罗尼（J.-H. Rosny aîné）[①]。据协会赞助人、银行家安德烈-路易·希尔施（André-Louis Hirsch）所说，正是罗尼创造出了“航天学”（astronautique）这个词。希尔施回忆起当年首次开会的情形：“在1927年协会第一次会议上，我们荣幸地看到龚古尔学院主席罗尼先生也在我们当中。在会上，罗贝尔·埃斯诺-佩尔特里提议，以航空（aviation）一词为参照，将这门崭新的科学命名为‘sidération’。但是我们都觉得这个名字有点好笑。罗尼在提出‘cosmonautique’之后又想到了‘astronautique’，最后一个名字最终获得了一致认可，随后流传至世界各地。现在，在全球范围内，这项研究、这门科学都被称为航天学（astronautique）。”1928年2月，宣布新词“航天学”诞生的告示被贴在了法国航天协会的公告栏中，毫无疑问，这个新兴词汇后来传遍世界。1930年，罗贝尔·埃斯诺-佩尔特里发表了航天领域科研的奠基之作——《航天学》（*L'Astronautique*）。这本书可以说整合了当时所有关于航天学的知识。同年，佩尔特里还说服法国战争部部长资助军用火箭研究

① 为了和弟弟区分，因此他也被称为“大罗尼”；龚古尔学院是法国最著名的文学奖项之一——龚古尔奖的评选机构。——译者注

计划。拿到拨款后，佩尔特里得以继续试验各种推进装置，其中就包括了液体燃料发动机。

可惜的是，虽然付出了种种努力，但佩尔特里并没能让同胞们对火箭产生太大兴趣。火箭的发展史还得让别国来书写。让我们以罗伯特·戈德温（Robert Godwin, 1958—，加拿大航空航天博物馆馆长）的发现来结束本节。戈德温在 2015 年发表了一篇题为《太空旅行火箭的首个科学概念》（*The First Scientific Concept of Rockets for Space Travel*）的文章。在文中，他指出，其实苏格兰长老会牧师、曾任加拿大某大学

▲ 苏联的“东方号”火箭，照片摄于 1961 年。

康斯坦丁·齐奥尔科夫斯基 1903 年绘制的火箭图示。

齐奥尔科夫斯基公式

反作用力推进火箭的工作原理是牛顿于三个多世纪前在《自然哲学的数学原理》中提出的作用力和反作用力定律。这条被称为“牛顿第三定律”的定理指出：两个物体间相互作用的力总是大小相等，方向相反。为了向大家解释火箭如何基于该原理飞行，齐奥尔科夫斯基提出了一个很有意思的理想实验：一个正在船上的渔夫误失了船桨。为了回到岸上，渔夫不得不用最大的力气将船上装载的东西全往后掷出，而他对这些投出物所施加的力恰好将被另一个力所补偿，这种力将推动船不断向岸边移动。火箭的飞行原理便是如此：火箭高速向后喷射气体，以此获得推动自己向前的反作用力。

基于牛顿定律可以得出，火箭速度的增量除以喷射气体速度将等于火箭喷出气体的质量除以火箭质量。由此可以推导出著名的齐奥尔科夫斯基公式：“火箭最终速度除以火箭喷射气体的速度等于火箭初始质量除以火箭最终质量所得结果的自然对数。”

再说简单些：要想飞得快，那就得以最快的速度排出大量气体。现在的火箭飞行中，排出的气体往往是燃料、助燃剂化学反应的产物。化学反应释放的能量使火箭能高速排出气体，如果能有多个火箭子级接连进行助推，加速效果也将更好。齐奥尔科夫斯基公式适用于火箭各级。

校长的威廉·利奇（William Leitch, 1814—1864）才是将火箭奉为大气层外旅行最佳工具的第一人。在 1861 年的一篇题为《太空之旅》（*A Journey Through Space*）的文章中，利奇正确地将“内部的反作用”视为火箭动力的来源，而且他相信这种推力在宇宙真空中仍然有效。这位此前一直不为人知的科学家足足比现代火箭先驱们早了三十年提出这一理念。瞧，历史研究和太空探索如此相似，都能源源不断地带给我们新知识！

太空电梯

火箭在此后一直被认为是前往太空必不可少的工具。不过，人们其实也在严肃思考着另一种进入太空的可能性，那就是直接建一个拔地而起、直通太空的巨型建筑。这个大胆的想法又来自我们想象力极其丰富的康斯坦丁·齐奥尔科夫斯基。在巴黎游览时，齐奥尔科夫斯基受到了建成于1889年的埃菲尔铁塔的启发，他寻思着：为什么不在赤道上建一座近 36000 千米高的高塔呢？

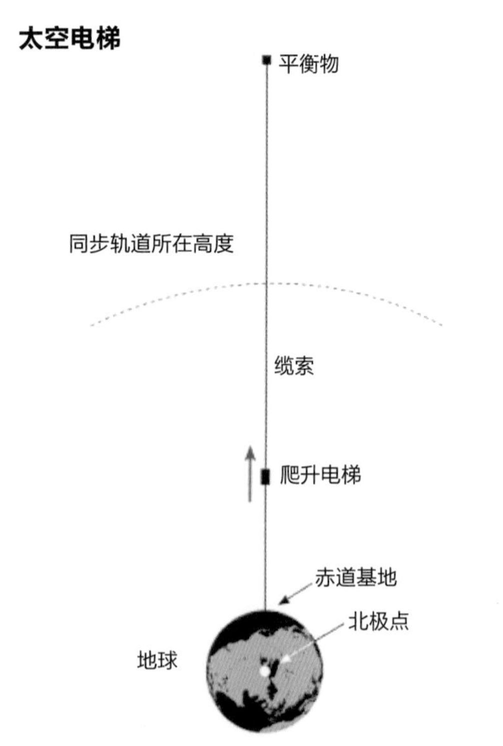

这个数字当然不是齐奥尔科夫斯基胡诌来的，他的选择有科学依据——只有在这个高度上，地球自转产生的离心力才能刚好等于地球的引力。如果我们在这个“天空城堡”上摆放某物，该物体便会因为这两股反方向的力相互抵消而保持平衡，此时的它正位于地球轨道之上。而且，由于物体的绕地公转周期恰等于地球的自转周期，它将相对于地球保持静止。按照这个道理，想要将卫星送入地球静止轨道就只需将它传送至高塔顶端即可。1895 年，齐奥尔科夫斯基在自己的《地球与天空之梦》（*Rêves de la Terre et du ciel*）中提到了这个设想，但在当时，这个构想只能算作一个理想实验，因为作者本人并没有将如何建塔展开细讲。

1960 年，列宁格勒的一个工科学生尤里·阿尔楚塔诺夫（Iouri Artsutanov, 1929—2019）产生了与齐奥尔科夫斯基相近的想法并提出了一个可行的实践方案。阿尔楚塔诺夫此前并不知道齐奥尔科夫斯基提出的设想。他计划的是从地球静止轨道上放下一根缆索，让缆索始终垂直于地球某地并将其固定在地面。这样一来，我们可以在缆索与地面相接的锚点部位修建电梯基点，从这里出发的电梯将沿着缆索自由上下。为了让缆索的重心始终位于地球静止轨道上，我们还需反向继续加长缆索并在其末尾系上一个重物以用来保持平衡，地球自转时会甩动系在绷紧的绳索另一端的重物。

沿缆索上升的太空电梯示意图。

NASA
LUNOX

1960 年 7 月 31 日，阿尔楚塔诺夫的方案登上了苏联日报《共青团真理报》。这篇题为《乘坐电动火车走向宇宙》（*Vers le cosmos grâce à un train électrique*）的文章标志着“太空电梯”概念的正式诞生。

阿尔楚塔诺夫在文章中提到，修建电梯应该从上到下，从位于同步轨道上的卫星开始朝地球方向建，同时缆索应朝地球方向及位于其反方向的宇宙空间延伸。只有这样做才能让整个系统的重心一直停留在静止轨道上。不难注意到，要建齐奥尔科夫斯基的“宇宙塔”，就必须考虑到压力问题；而对于阿尔楚塔诺夫的“太空缆索”而言，挑战则来自缆索上的巨大张力。阿尔楚塔诺夫预测，在延长缆索的过程中将需要持续加宽缆索的直径以便能承担悬空部分不断增加的重量。同时，他也深知，自己那个年代所有已知的材料都还不够坚韧，无法承受如此强大的张力。所以在阐述建造计划时，阿尔楚塔诺夫指出，要想建造达到所需长度的缆索，那就得用到一种目前尚不可知的超级材料。至于如何为整个系统供给电力，这位工程师计划在 5000 千米高度处安装太阳能板。从 36000 千米处开始，电梯的舱体将不需要能源供给就可继续攀升，因为地球的自转将会给予它足够的能量。电梯的最终目的地位于 60000 千米高度处，这里将是宇宙港口的所在地、进行星际旅行的飞船的出发点，这个太空小城市表面的重力方向将与地球的重力方向相反。

1975 年，航空航天工程师杰尔姆·皮尔逊（Jerome Pearson, 1938—2021）在《宇航学报》（*Acta Astronautica*）上发表了《轨道塔：利用地球自转动能的航天器发射器》（*The Orbital Tower: A Spacecraft Launcher Using the Earth's Rotational Energy*）一文。皮尔逊在写作时并没有参考阿尔楚塔诺夫的文章，但他所探讨的技术细节正是阿尔楚塔诺夫此前已经提到的。皮尔逊给出了一些新思路。比如，他认为不必采用在缆索一端增加负重的方案，只需大大延长缆索让其受的离心力足够保持整个系统的平衡即可。皮尔逊设想缆索长度应达 144000 千米（长度已经相当于地月距离的三分之一了！）。而且，延长缆索还有另一个好处：和前面那位打算建一个星际飞船发射港的俄罗斯同行不一样，皮尔逊想把自己这根缆索当投石器使，利用系统自转的离心力把飞船抛进星际空间。进行计算后，皮尔逊表示，按此法发射的航天器可以在不动用火箭的情况下到达土星，整个过程中，只有航天器到达同步轨道需要我们供给能量。

至于能量来源，皮尔逊和阿尔楚塔诺夫的思路一致，他也想通过被固定在缆索极高处的太阳能板将太阳辐射转化为电能。此外，他还有个巧思（而这个巧思已经被应用于我们现在的电动汽车上了）：回收电梯在下降过程中因为制动而释放的能量。皮尔逊还思考了应该把缆索地球端的基点设在何处。

为了降低地转偏向力（也称科里奥利力，它可以影响气团和气旋的运动）的干扰，他也打算把基地建在赤道上。这将是一个可移动的基地，这样一来，如果缆索产生不可避免的位移，地面基地也能调整自如。皮尔逊也面临着缆索建材难题。他认为建设缆索的材料必须具有高强度的碳纤维或聚合物纤维（比如，凯芙拉[①]）的特性。

◀ 帕特·罗林斯（Pat Rawlings）1999 年绘制的太空电梯插图，该电梯将可能把地球表面和地球静止轨道连接起来。

① Kevlar，芳香族聚酰胺类合成纤维。——译者注

▶ 科幻小说《世界之间的网》（*The Web Between the Worlds*）一书的封面。本书作者为查尔斯·谢菲尔德（Charles Sheffield），封面由托尼·罗伯茨（Tony Roberts）绘制，摘自箭出版社（Arrow Books）1981年于伦敦发行的版本。

◀ 碳纳米管3D图。

皮尔逊还指出，单晶碳纤维（当时尚未问世）也许具备成为缆索材料的良好机械性能。如果能用这种材料建造缆索，那我们只需让位于静止轨道高度的缆索直径达到地球锚点处缆索直径的十倍便可顺利解决张力问题……

在那以后，材料科学不断发展，物理学家们发现了碳纳米管。它由按六边形排列的碳原子构成，呈直径仅为十亿分之几米的圆管状。碳纳米管卓越的机械性能——强度是钢铁的百倍，密度却仅为钢铁的四分之一——让建造太空电梯成为可能。唯一美中不足的是，我们目前只能制备长度不超过几十厘米的碳纳米管……

1979年，在英国作家亚瑟·克拉克（Arthur C. Clarke, 1917—2008）的科幻小说《天堂的喷泉》（*Les Fontaines du paradis*）里，太空电梯成了主角。小说讲述了22世纪的人们在斯里康达山（位于虚构的赤道地区岛屿塔普罗巴尼上）修建太空电梯的故事。这座岛屿与克拉克本人曾居住过的斯里兰卡岛很相似。克拉克在小说里给用于建造缆索的材料起了个名叫“单丝”（monofilament），据他所述，这是一种“假单基连续金刚石晶体”。

与克拉克的《天堂的喷泉》近乎同时期问世的还有另一本科幻小说——出自英国作家查尔斯·谢菲尔德（Charles Sheffield）之手的《世界之间的网》（*The Web Between the Worlds*），而这本书的主题竟然也是太空电梯！在一封发表在美国科幻小说作家专栏的公开信中，克拉克驳斥了对他抄袭的指控并宣告“太空电梯的时代已经到来”。自此以后，太空电梯也在众多其他科幻作品中露脸，比如，金·斯坦利·罗宾逊（Kim Stanley Robinson, 1952—）著名的“火星三部曲”（《红色火星》《绿色火星》《蓝色火星》）。

Charles SHEFFIELD

THE WEB BETWEEN THE WORLDS

by the author of SIGHT OF PROTEUS

这三部曲展示了人类对火星进行殖民及地球化的过程。

除了建造起来比登天还难之外，太空电梯还可能带来不少棘手的安全隐患。首先，这个悬荡在半空、直穿大气层的建筑很可能遭受飞机和卫星的撞击。其次，在考虑建电梯之前，需要先清除近地轨道上的漂浮物：人类已经观测到，近地轨道上存在着 34000个直径10 厘米以上的碎片。但最令人忧心的还不是它们，而是轨道上那 90万块 1 厘米到 10 厘米级的碎片。虽然个头小小的它们造成的损害不如前者，但正是由于体积太小，所以这些碎片难以被检测到。如果不加以清理，长此以往，数量庞大的小型太空垃圾也可能对太空缆索产生“侵蚀”效果。一旦缆索因此断裂，后果不堪设想……

那么现在呢?

21 世纪初，美国工程师布拉德利 · 爱德华兹（Bradley C. Edwards）在美国宇航局前沿概念研究所的支持下完成了一份关于太空电梯的详尽技术报告。爱德华兹在报告中建议，用碳纳米管材质的带状缆索替换圆柱缆索。据他所言，这种形状宽且薄的缆索更能抵御流星及细小太空碎片的冲撞。带状缆索也能为电梯舱室悬挂提供更大的表面积。爱德华兹也关注了电梯舱室设计，缆索地面端锚定体系，闪电、飓风以及其他环境风险预防等话题。他估计该工程可以在十五年内完成，造价将为 1000 亿美元。

为了推进太空电梯建设计划，爱德华兹的支持者们组织了多次类似“安萨里 X 奖”[①]的大奖赛。2012 年，日本五大建设公司之一的大林组株式会社宣布预期在2050 年用碳纳米管技术建成太空电梯。这让我们不由得想起亚瑟 · 克拉克的那句预言——当他某次被问及太空电梯什么时候才能建成时，他是这样回答的：“大概在大家都不再嘲笑这个设想的五十年之后吧！”

看来，这一天就快要到了……

◀ 法国艺术家芒舒（Manchu）为《彩虹桥》（*Bifrost*）杂志 2021 年 4 月发行的第 102 期（致敬亚瑟 · 克拉克特别刊号）绘制的太空电梯主题封面。

① 该比赛提供 1000 万美元奖金给首个能发射载人飞船进入太空的非政府组织。——译者注

从导弹到火箭

“要想把人送上太空，两件东西必不可少：火箭和用火箭来发射的航天飞船。说起来好像很简单，但实际上，火箭绝对算得上人类有史以来最复杂的造物之一；至于飞船……朋友，认清现实吧，它们的内部绝不可能像科幻小说里写的那样宽敞整洁。”

火箭：从导弹到太空发射系统（SLS）

飞入太空探索未知地带并邂逅其他文明，这是人类在 20 世纪前半叶的梦想。遗憾的是，直接启发工程师和科学家造出火箭的并非小说家儒勒·凡尔纳和赫伯特·乔治·威尔斯（H. G. Wells）——太空探索年代里几种标志性的火箭都有着共同的鼻祖，那就是名为 V2 的德国导弹。

◀ 1943 年夏，德国乌瑟敦岛的佩内明德导弹基地内，V2 导弹正在进行试飞。

▼ V2 导弹在发射平台上。1944 年 9 月 8 日，首批 V2 导弹被德国用于轰击伦敦。

第二次世界大战结束后，一部分负责制造导弹的德国科学家和工程师，比如，沃纳·冯·布劳恩，被遣送往美国（在此之前，美方还在德国缴获了一些 V2 导弹以便开展研究）；其他德国导弹专家则去了法国。从把人类送上月球的“土星 5 号”火箭到欧洲的“阿丽亚娜”系列火箭，神秘的它们其实都源自德国 V2 导弹。

虽然也有一部分德国 V2 导弹专家曾在谢

▲ 上图：1962 年 2 月 20 日，执行“水星－宇宙神 6 号”航天任务的美国宇航员约翰·格伦（1921—2016）正在“友谊 7 号”飞船舱内。

下图：1969 年，美国华盛顿，工程师沃纳·冯·布劳恩在位于美国宇航局内的办公室里。此为马里奥·德·比亚西（Mario De Biasi）拍摄的照片。

► 1961 年 4 月 12 日，拜科努尔发射中心，苏联宇航员尤里·加加林准备乘“东方号”飞船起飞。1963 年 7 月 13 日，《巴黎竞赛画报》刊出此照。

尔盖·科罗廖夫（Sergueï Korolev）的带领下为苏联效力，但俄罗斯火箭的发展历程可以说和美欧的大不一样。俄制火箭的鼻祖是 R-7 火箭，它曾执行了人类历史上首次发射任务：1957 年，苏联卫星“斯普特尼克 1 号”正是由该火箭送入了轨道。

人类花了许多年才建成大载重火箭。在 20 世纪 60 年代初的时候，发射火箭的风险极高。因此，我们也可以想见在 1961 年 4 月 12 日那天，尤里·加加林（Youri Gagarine）是怀着多大的勇气才坐上了“东方号”——这个由 R-7 火箭衍生而来的，极有可能一起飞就爆炸的巨型炸弹。幸运的是，虽然飞行中途各种小故障频发，但加加林还是成为首个进入太空的人类、首位绕地球飞行一周的宇航员，并在最后安然无恙地归来。

还不够，为了让火箭能承载更大的重量（同时运载三个人），苏联对“东方号”火箭进行改造并推出了“上升号”。不过很快，新宠“上升号”火箭就在 1966 年被自己的升级版——“联盟号”火箭踢下了宝座。“联盟号”系列自此成了俄罗斯载人航天任务不可撼动的首选发射器，它一直服役至今（当然，“联盟号”也在与时俱进，不断更新换代）。在 2016 年，法国宇航员托马·佩斯凯也是借了“联盟号”火箭的东风才首次进入了国际空间站。要知道，在 2011 年到 2020 年间，除了能单枪匹马飞向天外的中国火箭之外，俄罗斯的“联盟号”火箭是世界上唯一能够把宇航员送入太空的发射器。

美国那头，沃纳·冯·布劳恩帮助美国成功研制出了第一代火箭并于 1958 年被任命为马歇尔太空飞行中心总指挥。1961 年 5 月 5 日，美国“水星－红石”火箭起飞，执行此次任务的艾伦·谢泼德也成为首个飞上太空的美国人（不过这次只飞到了亚轨道上，总共停留了 15 分钟）。直到 1962 年 2 月 20 日，由“水星－宇宙神”火箭助推升空的约翰·格伦才终于成为首个进入环地球轨道的美国宇航员。

▶ 1995 年 11 月 12 日，美国“亚特兰蒂斯号”航天飞机正在向俄罗斯“和平号”空间站接近，“亚特兰蒂斯号”机组成员透过舷窗向外看去（从上到下依次：肯尼斯·卡梅伦、杰里·罗斯、詹姆斯·哈塞尔、威廉·麦克阿瑟和克里斯·哈德菲尔德）。

◀ 1969 年 7 月 16 日，佛罗里达州肯尼迪航天发射中心，执行“阿波罗 11 号”任务（美国首次登月任务）的“土星 5 号”火箭发射。该火箭高约 111 米，重约 3000 吨。

毫无疑问，成功研发“土星 5 号”当属冯·布劳恩最辉煌的成就。往后数次执行阿波罗探月任务的正是这款“土星 5 号”运载火箭。尽管“土星 5 号”现在已经退出了历史舞台，但就目前来看，它仍是人类有史以来建造过的最大火箭。登月系列任务结束之后，美国宇航局的载人航天经费绝大部分都花在了航天飞机的研发上。这些壮观的航天器可以搭载最多 8 名宇航员，并将超过 24 吨的重物送入近地轨道。

航空飞机集飞船和发射器于一身。带有一个燃料贮箱和两台助推器的它像火箭一样以垂直姿态起飞，在返回时则像普通飞机一般水平降落。它也有搭载功能，可以承载需要送至轨道的人造卫星（比如，哈勃卫星、钱德拉卫星）、空间站模块甚至太空实验室。飞机还拥有机械臂及对接口，能与空间站（如“和平号”空间站、国际空间站）实现交会对接。

1981 年到 2011 年间，五架航天飞机（“哥伦比亚号”“挑战者号”“发现号”“亚特兰蒂斯号”“奋进号”）共进行了 135 次飞行活动。其中有两次以悲剧收场：1986 年 1 月 28 日，“挑战者号”在起飞时爆炸；2003 年 2 月 1 日，“哥伦比亚号”返回地面时在半空解体。两次悲剧各造成七名宇航员殒命。由于飞机造价实在高昂且飞行任务危险系数过高，美国的航天飞机研发计划最终被叫停。于是，在之后的九年中，世界上所有国家（中国除外）的宇航员都必须依赖俄罗斯的“联盟号”运载火箭进入太空。不过，2020 年 5 月 30 日，在 SpaceX 公司“猎鹰 9 号”运载火箭的帮助下，美国宇航员时隔多年终于再度从美国本土起飞。这是航天飞机时代结束后美国首次自主开展载人航天飞行任务，同时也是首次商业飞行，它标志着航天史新纪元的到来。虽然现在带美国飞行员去往国际空间站的任务落到了 SpaceX 头上，但是美国宇航局也没闲着：它为将来的载人航天计划新打造了一种超重型火箭——“太空发射系统”（Le Space Launch System, SLS），它有点类似“土星 5 号”的翻版。美国打算使用该发射器开展“阿尔忒弥斯”探月计划。成功姗姗来迟，预算已然超支。总之，太空发射系统的首飞计划于 2021 年年末到 2022 年年初进行。

1985年10月30日，美国“挑战者号”航天飞机于佛罗里达州肯尼迪航天发射中心发射起飞。机组由8名成员组成，创下了人数纪录。

СОЮЗ

飞船：从“东方号”到“猎户座”

人类史上第一艘载人航天飞船是“东方号”（Vostok），它让尤里·加加林的太空历险成为可能。但是，“东方号”的乘坐体验绝对谈不上舒适：载人舱容积仅 1.6 立方米。尤里·加加林应该感觉还好，毕竟他的任务时长不到两小时；但是对于 1963 年 6 月 16 日飞入太空的首位女宇航员瓦莲京娜·捷列什科娃（Valentina Terechkova）而言，乘坐体验就大不一样了，因为她的任务可是在这里待上三天……

为了能同时搭载好几个宇航员，苏联对“东方号”进行了升级。最终，“上升号”（Voskhod）诞生，它于 1964 年的任务中同时搭载了三名宇航员，而在 1965 年的任务中则搭载了两名。也正是在 1965 年这次任务中，苏联又拿下人类史上的第一次：宇航员阿列克谢·列昂诺夫（Alexeï Leonov）实现了首次舱外行走。

紧接着，苏联又造出了本国以后的“旗舰”飞船——“联盟号”（Soyouz）。不幸的是，1967 年 4 月 23 日到 24 日进行的“联盟号”首次载人飞行任务最后演变为一场灾难：在进入太空后和返航过程中，飞船出现多处故障并在最后坠毁于哈萨克斯坦边境附近，船上唯一的宇航员弗拉基米尔·科马洛夫（Vladimir Komarov）当即遇难。六年前，人类史上第一位进入太空的宇航员是苏联人；六年后，人类史上第一位在正式任务中罹难的宇航员也是苏联人。“联盟号”在后来接受了多次调整。1968 年 10 月，搭载着一名宇航员的“联盟 3 号”顺利返航，这标志着“联盟号”系列飞船载人航天任务取得首次成功。此后，“联盟号”仍在不断被优化。直至今日，“联盟号”仍在服役，常常是由它带着宇航员们前往国际空间站。

虽然 20 世纪 60 年代的前五年里，美国在太空竞赛中不断被苏联甩在身后，但两个国家的载人航天计划进展几乎同步：美国的初代载人航天飞船——“水星号”（Mercury）——也曾成功将

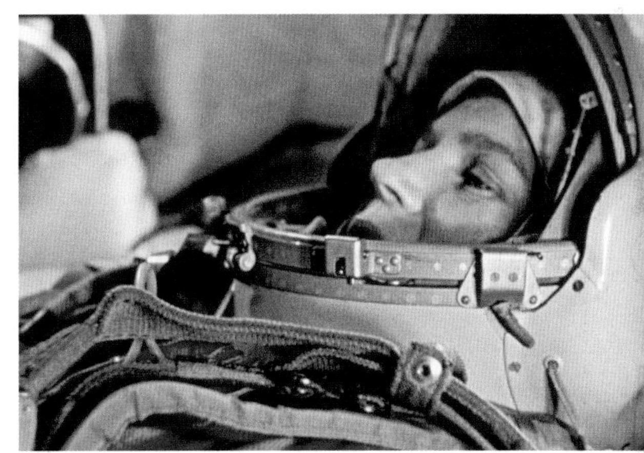

▲ 上图：1965 年 3 月 18 日，阿列克谢·列昂诺夫在“上升 2 号”任务中首次实现舱外行走。

下图：1963 年 6 月 16 日，飞船在拜科努尔航天中心等待起飞，人类史上第一个女航天员瓦莲京娜·捷列什科娃（1937—）坐在舱内。

美国宇航员艾伦·谢泼德（Alan Shepard）和约翰·格伦（John Glenn）带上太空。不过，就和苏联的“东方号”一样，“水星号”载人飞船一次也只能带上一个人。

“双子星号”系列是美国的第二代飞船。不像“上升号”那样可以搭载三名宇航员，“双子星号”飞船只能坐两个人（在 1965 年到 1966 年进行的十次飞行任务中皆是如此）。1965 年 6 月 3 日，在执行“双子星 4 号”任务的过程中，爱德华·怀特成为第一个进行太空漫步的美国宇航员。

虽然美国的“双子星”计划获得了巨大成功，但是“双子星号”系列飞船并不适用于探月任务。能搭载三名宇航员、可以在环地球轨道之外进行长时间停留（并绕月飞行一段时间）的“阿波罗号”载人航天飞船应运而生。不幸的是，1967 年 1 月 27 日，三名美国宇航员在为下个月“阿波罗 1 号”首飞进行地面演练时，由于舱室火灾而去世。这场悲剧就发生在科马洛夫牺牲的几个月前。阿波罗探月计划因此不得不推迟。和“联盟号”一样，“阿波罗号”也经历了数次优化。之后的飞行中，“阿波罗号”都运作正常，它在 1968 年至 1972 年期间多次执行载人探月任务，于 1973 年将宇航员们送往了“天空实验室”太空站。1975 年的“阿波罗号 - 联盟号”任务则是它的最后之旅。

此后，在 1981 年到 2011 年间，美国人把宇航员送上环地球轨道用的都是航天飞机。而在 2011 年到 2020 年间，为了能飞上太空，美国宇航局不得不向俄罗斯购买“联盟号”飞船里的座位。美国没有继续研发第五代载人航天器，它现在把希望寄托在各家私人公司上，“商业载人航天计划”由此诞生。美国的目标是从私人公司

美国载人飞船

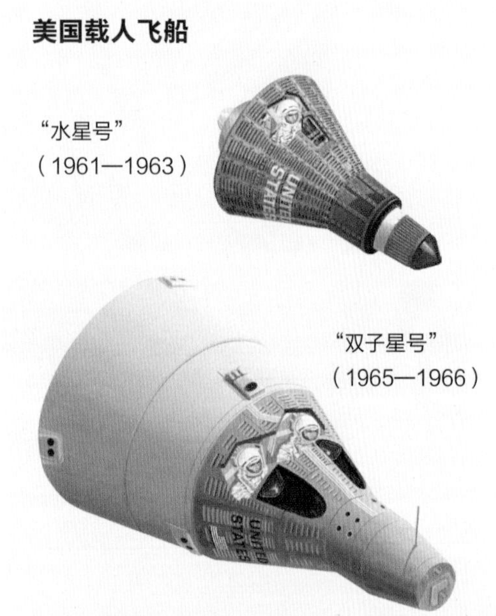

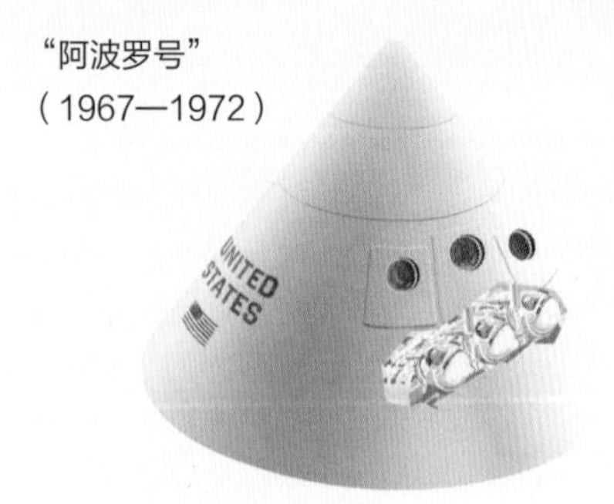

▶ 身着宇航服的宇航员艾伦·谢泼德（1923—1998），该图由拉尔夫·莫尔斯（Ralph Morse）摄于 1959 年 4 月。

宇航员爱德华·华特（Edward White, 1930—1967）在“双子星4号”任务中完成了美国航天史上首次太空漫步。此为当时留驻在航天器内的指令长詹姆斯·麦克迪维特（James McDivitt）于1965年6月3日拍摄的照片。

“阿波罗号 – 联盟号”任务

“阿波罗号 – 联盟号”任务由美苏合作展开。1975 年 7 月 17 日，美国“阿波罗号”飞船与苏联“联盟号”飞船在轨道上舱门互开进行对接，两组宇航员实现了会面。托马斯·斯塔福德（Thomas Stafford）和阿列克谢·列昂诺夫进行了历史性的握手，这意味着，至少在太空领域，两个超级大国之间的冷战已经落幕。

处借力把宇航员带去国际空间站。

目前有两家公司接下了美国宇航局抛出的橄榄枝：SpaceX 和波音。宇航局向两家公司提供资金并与其签署项目合同，然后坐等验收成果是否符合预期即可。2020 年 5 月 30 日，罗伯特·本肯（Robert Behnken）和道格拉斯·赫尔利（Douglas Hurley）乘坐 SpaceX 打造的“龙”飞船成功起飞，在载人航天领域，美国终于再一次实现了独立。在我们写下这些文字时，波音研发的“星际客船”（Starliner）飞船尚处于试验阶段。

◀ 2013 年 6 月 26 日，中国内蒙古，“神舟十号”宇航员张晓光、聂海胜和王亚平庆祝凯旋。

虽然 SpaceX 已经挑起了送宇航员去国际空间站的大梁，但美国宇航局也没有坐享其成、停滞不前：宇航局内部研发出了执行“阿尔忒弥斯”探月任务的另一款飞船——“猎户座号”（Orion）。和“阿波罗号”一样，“猎户座号”由一个指挥舱（宇航员们所在的区域）和一个服务舱（内含推进装置、贮箱、消耗品及太阳能板等）组成。美国人负责建造指挥舱，而服务舱则由欧洲人接手。

在 21 世纪 20 年代结束前，我们将有幸看到宇航员们（其中将有一名女性）再次登上月球。这次探月计划的分工和冷战时的那次情况大不一样：美国航天局不再孤军奋战，欧洲将助力修建“猎户座号”，而将宇航员们从月球轨道送至月球表面的任务则由私人公司 SpaceX 的“星舰号”（Starship）飞船完成。环地轨道外载人航天史将翻开新的一页。

中国的航天计划

谈起载人航天，长久以来一直是俄罗斯和美国两家独大，但一个后起之秀——中国，在 21 世纪初追上了他们。中国的航天技术深受俄罗斯技术的影响。2003 年 10 月 15 日，中国成功将第一名宇航员送上了太空；2008 年，中国宇航员成功实现舱外行走；2011 年，中国发射了自己的第一个空间站；2012 年，空间站与飞船成功对接，迎来第一批宇航员（其中包括中国首位女宇航员）入驻；2016 年，第二个空间站升空。这两个空间站目前已经离轨。

1975年7月17日，“阿波罗号–联盟号”联合任务中，从“阿波罗号”上拍摄的“联盟号”照片。

СОЮЗ

2016年，从国际空间站上拍摄的直布罗陀海峡图片。离我们最近的两艘飞船分别是俄罗斯的“联盟号”（左）和“进步号”（右）。

第二章

空间站

2014年6月18日，国际空间站飞掠地球，从左到右依次是“节点1”舱（Node 1/Unity）（也称“团结号”节点舱），“曙光号”功能货舱（Zayra），“星辰号”服务舱（Zvezda）和负责为空间站运送补给的“进步号”货运飞船（Progress）。

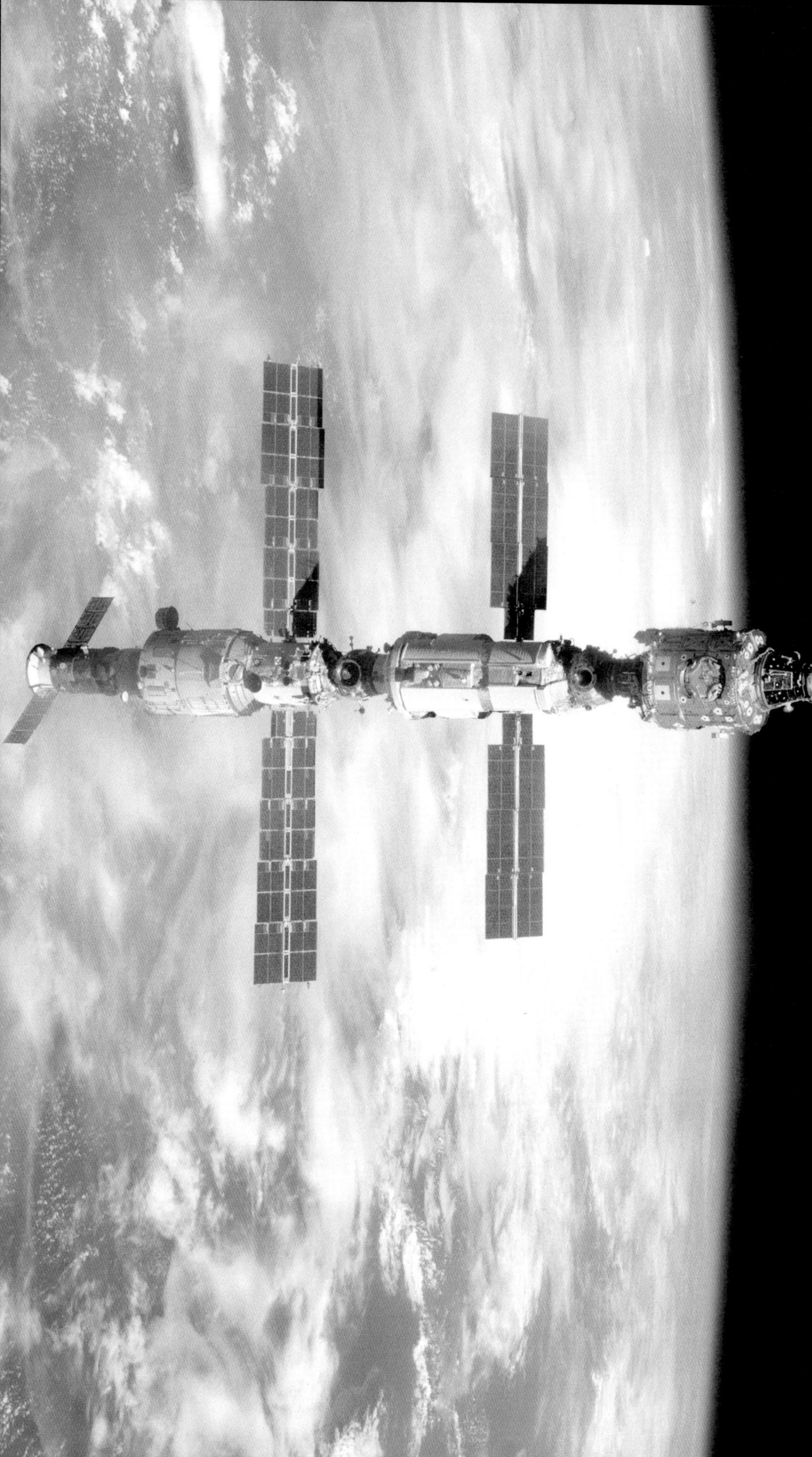

生活在太空

“作为科幻小说中最常出现的地点之一、人类开展太阳系移民的前哨基地，空间站在太空探索中有着举足轻重的地位。风格独特的《2001 太空漫游》（*2001 L' Odyssée*，亚瑟·克拉克编剧，斯坦利·库布里克执导，1968 年）推出‘五号（V）’空间站之后，影界对空间站的迷恋便一发不可收拾。举个例子，在电视剧《苍穹浩瀚》（*The Expanse*，2015 年开播）中亮相的第谷制造工程公司，它的总部就位于火星和木星间小行星带上的‘第谷’空间站中；尼尔·布洛姆坎普（Neill Blomkamp）执导的影片《极乐空间》（*Elysium*，2013 年）中也出现了轨道空间站——22 世纪里，最富有的人纷纷逃离已经人口爆炸、污染严重、暴力泛滥的地球然后栖居于此。

空间站算不上什么特别新的话题。建造‘太空之城’听起来确实很诱人，但现在这还只是一个假想而已，还有大把的难题等待我们去解决。”

空间站的雏形

1896 年 10 月到 12 月期间，美国牧师爱德华·埃弗里特·黑尔（Edward Everett Hale, 1822—1909）在《大西洋月刊》（*Atlantic Monthly*）上连载了一部名为《砖月》（*The Brick Moon*）的小说。在小说中，黑尔描述了一个直径 200 英尺（约 61 米）的巨大砖球的建造过程。这个砖球本该发射升天成为地球船舶的航标，但是最后由于发射事故，砖球带着四十多个人稀里糊涂地飞上了天。就这样，位于地球上空 5109 英里（约 8200 千米）处的倒霉蛋们利用各种科学知识，想方设法地在砖月表面上活了下来。虽然从科学原理的层面上讲，黑尔的小说很荒诞，但它确实是历史上首部提及人造载人轨道飞行器的作品。

▲ 1986 年推出的苏联邮票，画面中的人物是苏联科学家、航天学之父康斯坦丁·齐奥尔科夫斯基。在他背后，我们可以看见一座空间站，不过这个空间站和当时齐奥尔科夫斯基所想象的完全不一样。

▲ 康斯坦丁·齐奥尔科夫斯基《地球与天空之梦》俄语第一版插图。1895 年，本书在冈察洛夫（A. N. Gontcharov, 1857—1935）的帮助下出版于莫斯科。

其实，首位构想出具备科学可行性的空间站的人毫无疑问还是俄罗斯科学家康斯坦丁·齐奥尔科夫斯基。他在自己于 1895 年问世的著作《地球与天空之梦》中首次提到将一个太空居住地投入使用，此处将用于接待来自地球的人们，为他们提供生活场所、科学实验室和工业基地。

当时，齐奥尔科夫斯基还没能完美解决火箭的驱动问题。他明白，人类必须先找到征服引力的办法，而后才能建立起太空文明。所以在勾勒出未来文明的大致轮廓后，齐奥尔科夫斯基便就此作罢，未能深入。不过，他对空间站的描述却出人意料地详细。

首先，齐奥尔科夫斯基明确地提到了未来空间站的形状和它的大小（应该是一个体积非常庞大的球体）、建筑材料（钢铁和玻璃）以及其保持正常运作必不可少的几大要素（气闸舱、密封设施、依靠植物进行空气净化的装置以及温度调节设施）。然后，他建议让空间站通过自转来产生人工重力（请参看第 68 页框中文字）。在齐奥尔科夫斯基眼里，空间站不仅仅是人类太空探索的前哨，它还应该是人类在宇宙进行广泛拓殖时的基地。就像他在 1911 年的一封信里说到的那样："地球是人类的摇篮，但是人类不能永远生活在摇篮里。"

1903 年，齐奥尔科夫斯基在《利用反作用力设施探索宇宙空间》中描述了由混合液体推进剂推动、足以摆脱地球引力飞向其他行星的火箭。在他后来的著作中我们可以看到，齐奥尔科夫斯基并没有把空间站抛在脑后，他还在持续关注着空间站内部构造及其发射问题。他提出，应该将空间站放到地球同步轨道上，以让其公转周期与地球自转周期保持一致；空间站的基础设施和模块应在地球上营建完成后再送入轨道进行组装；空间站应包含一些呈球体的生活舱和锥体温室，它们之间由密闭的气闸舱相连。在 1933 年出版的齐奥尔科夫斯基所作《太空旅行集》（*Album des voyages spatiaux*）中，我们能找到他亲笔绘制的精美空间站图示。

由于齐奥尔科夫斯基这个名字常年受到西方忽视，所以在欧洲，我们往往认为航天之父是赫尔曼·奥伯特。在 1923 年的著作《飞往星际空间的火箭》里，除了阐释喷气式火箭太空飞行的反作用力原理、独立推导出了和齐奥尔科夫斯基一样的结论以外，奥伯特还在末尾提及了在轨道上安放观察站的可能性及其多种用途：进行基于战略或科学目的的地球观测活动；实现天气预测和远距离通信；开展以减灾避灾为目标的地球海洋观测活动。此外，人们还可以在这里使用大型的太空镜子来调整地球气候、观察宇宙空间并将此处作为太空飞船的修建点和补给站。

奥伯特还在 1928 年的文章《空间站》（*Stationen im Weltraum*）及 1929 年的专著《通向航天之路》（*Wege zur Raumschiffahrt*）中继续勾勒了他的空间站蓝图。和齐奥尔科夫斯基一样，他理想中的空间站也具备自转能力，但有异于齐奥尔科夫斯基的是，奥伯特没提到任何关于空间站建造的具体细节。虽然两位先驱都肯定了空间站的重要性，但他们在空间站用途上出现了分歧。齐奥尔科夫斯基望向广袤宇宙，他希望空间站被用于勘探资源和探索未知奥秘；奥伯特的计划则在更大程度上指向地球，他认为借助更先进的空间站技术，人类将能够更好地研究和改造自己的母星。

1929 年，爱尔兰晶体学家、马克思主义活动家约翰·德斯蒙德·贝尔纳（John Desmond Bernal, 1901—1971，他将 X 射线晶体学应用于分子生物学研究中，是该研究领域的先驱）发表专著《世界、肉体与魔鬼：理性灵魂三大敌人之未来的探索》（*The World, the Flesh and the Devil: An Enquiry into the Future of the Three Enemies of the Rational Soul*）。贝尔纳探讨了科学发展将给我们的身体、心智乃至人类社会带来怎样的剧变。他关于人类未来的洞见涵盖了太空探索和殖民、材料科学、基因工程以及拥有自我意识的人工智能的出现等话题，被科幻作家亚瑟·克拉克誉为“有史以来最了不起的科学预测”。

在《世界》一章中，贝尔纳描绘了一个直径 16 千米、可供两万到三万人居住的球体建筑。有趣的是，他并没打算让这个球自转起来以产生人工重力。在他想象中，球中居民们都生活在反重力环境中。贝尔纳还详尽描述了这将对人们的日常生活造成怎样的影响。贝尔纳与齐奥尔科夫斯基想到了一起，他也期望人类能够借助这些球体拓殖宇宙，在星际空间四处安家。

▼ 齐奥尔科夫斯基在《太空旅行集》（1933）中绘制的太空温室图及其注解，摘自俄罗斯科学院档案。

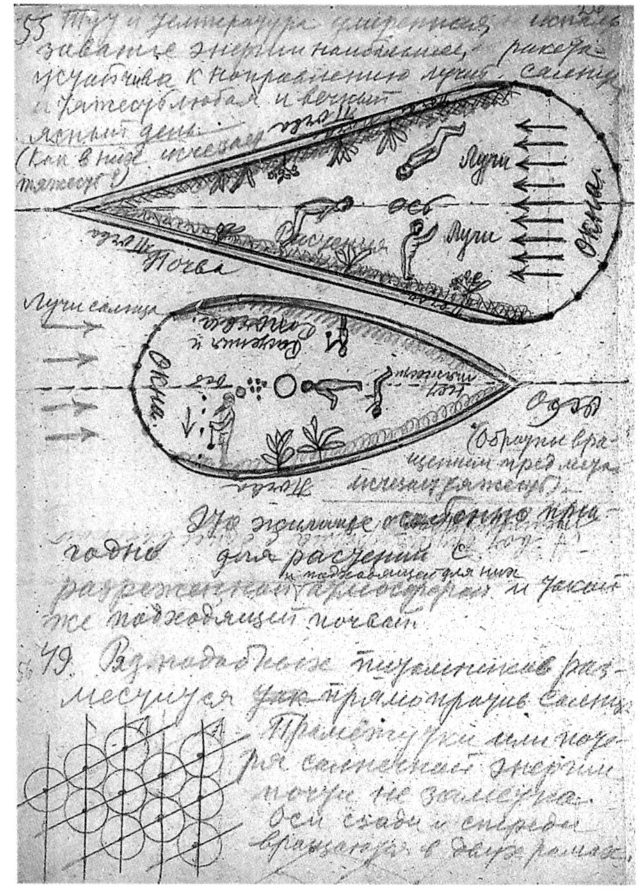

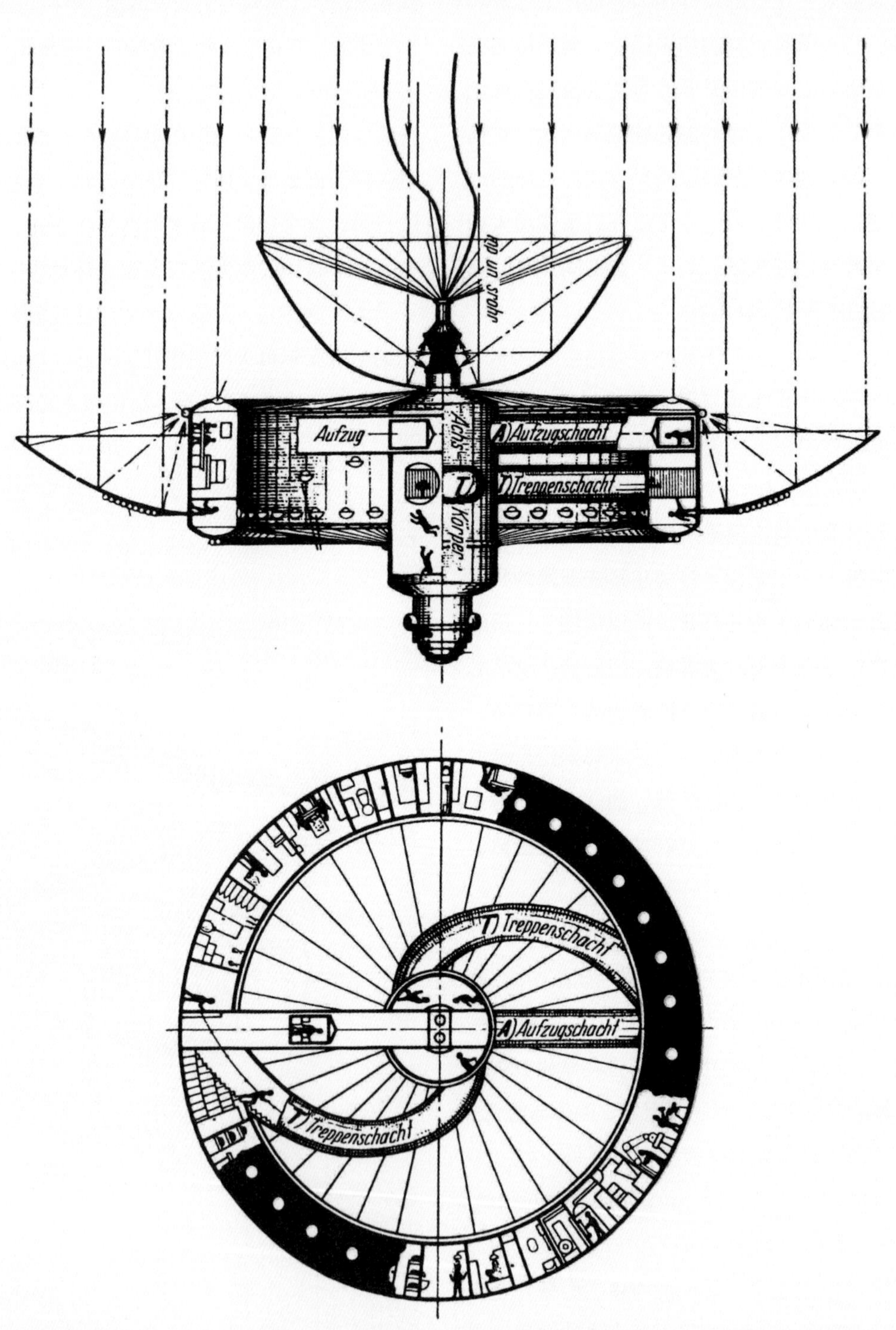
Aufzug
Achs-Körper
A) Aufzugschacht
T) Treppenschacht
T) Treppenschacht
A) Aufzugschacht
T) Treppenschacht

太空建筑师

斯洛文尼亚火箭工程专家赫尔曼·波托奇尼克（Herman Potočnik）是给出空间站具体设计方案的第一人。1929年，在他一生中唯一一本著作、以笔名"赫尔曼·诺登"（Hermann Noordung）发表的《太空旅行的问题》（*Das Problem der Befahrung des Weltraums*）中，波托奇尼克描述了未来空间站的结构。波托奇尼克的构思与齐奥尔科夫斯基此前的设想产生了共鸣，他也提出要将空间站安置在位于赤道平面的地球同步轨道上（该轨道随后被称为"地球静止轨道"）。但是他给出了不同的理由。对于齐奥尔科夫斯基而言，空间站是一个太空住所，是我们用来替代地球的另一个栖居地，选择同步轨道是为了让空间站能一直受到阳光照耀；而波托奇尼克考虑的是将空间站打造成一个便于对地球展开非军事目的或军事目的的观测的观察站，选择静止轨道也是因为这样可以让空间站一直悬停在我们星球上方同一处。

波托奇尼克设计的空间站是轮环状的，他为其取名为"Wohnrad"①。借助自转离心力，该环侧壁上可以产生仿地球重力效果的人工重力。至于能量供应，空间站上的反射器将捕捉和聚集太阳辐射来加热氦气，以此来传输热量并发电。波托奇尼克还描述了许多空间站上的必备设施：封闭的生态循环系统、空气调节系统、可供宇航员出行时使用的封闭气闸舱以及能带宇航员们前往其他空间站的个人交通工具、储存室……虽然这些都不是新鲜提法了，但是在书中，波托奇尼克将这些设施构想按照逻辑整合到了一个完整的工程方案内，这可算得上有史以来首个太空建筑设计方案了！波托奇尼克对太空医疗也十分感兴趣，正是他第一个指出在弱重力或零重力环境中会产生肌肉流失现象。他意识到，这可能在宇航员返回地球时造成麻烦。为了减轻这些负面影响，波托奇尼克提议让宇航员在空间站中进行日常体育锻炼以维持肌肉强度。

① 德语，大意为"可居住轮"（roue habitable）。——译者注

▶ 国际空间站日本实验舱的舷窗内部形成的水球。萨曼莎·克里斯托弗雷蒂（Samantha Cristoforetti）摄于2014—2015年。

◀ 斯洛文尼亚工程师赫尔曼·波托奇尼克的空间站概念图。本图是他发表于1929年的著作《太空旅行的问题》中的插图。

赫尔曼·波托奇尼克还对失重状态下的日常生活场景做了准确描写。比如，他在书中提到了液体（尤其是水）在太空中的特殊状态并提醒人们要对其加以控制。波托奇尼克的结论十分实用且充满预见性："宇航员必须完全放弃传统的梳洗和沐浴方式，他们只能用湿巾或湿海绵来完成身体清洁。"他的著作在各个航天爱好者圈子里激起了热烈反响，其中就包括太空旅行学会（Verein für Raumschiffahrt）。这个在1927年由约翰内斯·温克勒（Johannes Winkler, 1897—1947）和火箭研发的先行者之一——马克斯·瓦利尔（Max Valier,1895—1930）创立的组织，正如其名字所代表的那样，旨在推广太空旅行。协会成员包括一些在航天领域初创时最具影响力的工程师，比如，赫尔曼·奥伯特。不过，对于那些托他的柏林编辑转交的学会成员来信，喜欢独来独往的波托奇尼克从来都不予回应。

本书在普通读者圈子里也受到了欢迎，销量甚是可观，加印了好些次。波托奇尼克的著作极大地促进了"人类可以在太空中的环地球轨道上生存"这一观念的传播。该作的英文删减版本被分为三部分，于1929年7月、8月和9月在美国杂志《科学奇妙故事》（*Science Wonder Stories*）上刊出。1930年4月，《空中奇妙故事》（*Air Wonder Stories*）上刊出《空间站》（*Stations in Space*）一文，作者为雨果·根斯巴克（Hugo Gernsback,1884—1967）。顺便一提，作为科幻杂志编辑的根斯巴克对于科幻文学的发展做出了不可磨灭的贡献，他也因此被视为科幻文学的先驱之一。正是根斯巴克缔造了"science fiction"（科幻小说）这个词。在《空间站》一文中，根斯巴克也表示在轨道上安置空间站是有可能的，并积极思考这样做的意义。他援引了奥伯特之前谈到的空间站的种种用途并认为应该将空间站改名为"太空观测站"，因为它首先是个可以排除云层和昼夜节律干扰的宇宙空间观测台；其次，它还有助于我们进行地球气象（尤其是极点气象）观测，船舶和飞机航行时可以参照该观测台的指示（假设真能如此，泰坦尼克号当年也许就可以幸免于难了）。根斯巴克认为这些作用都无比重要，他因此笃定人类必将在20世纪内造出空间站。

通往太阳系的港口

随着第二次世界大战走向终结，太空殖民计划迎来了新的发展高潮。1949年，英国星际学会（The British Interplanetary Society）的两名成员哈利·罗斯（Harry Ross）和拉尔夫·史密斯（Ralph Smith）在协会内部刊物上发表了一篇描绘未来空间站的文章。

他们理想中的空间站驻扎着由24名科学家组成的团队，空间站存在的目的也是对地球和宇宙进行观察。这将是一个与直径60米的半球状镜子相连的直径30米的球体，镜子和波托奇尼克空间站的反射板作用相同，用于捕捉收集太阳辐射并将其转换为电力。1951年，德国工程师海因茨-赫尔曼·科勒（Heinz-Hermann Koelle, 1925—2011）设计出了由36个直径5米的球体组成的空间站。这36个小球呈轮环

▶ 1929年8月美国杂志《科学奇妙故事》（*Science Wonder Stories*）的封面图，弗兰克·保罗（Frank R.Paul）绘制。它展现了波托奇尼克设想的空间站景象。

Science WONDER Stories

August

25 Cents
IN CANADA 30¢

HUGO GERNSBACK Editor

Science Stories by
Dr. D. H. KELLER
ED. EARL REPP
WILLIAM P. LOCKE

状排列，中间有幅条连接，宇航员可以通过辐条通道在各球状模块间往返。空间站上总共住有65位科学家，除了开展关于地球和太空的传统观测活动外，他们还将就失重环境对生物机体的影响进行医学调研。

最有名的空间站方案毫无疑问出自冯·布劳恩之手。这位德国工程师是史上首枚弹道导弹——V2导弹的主要设计者之一。第三帝国垮台后，冯·布劳恩被遣送至美国，成了美国火箭研发项目中至关重要的人物。正是他打造出了赫赫有名的“土星5号”，让美国拥有了载人登月的能力。冯·布劳恩对航天事业的激情发端于20世纪30年代。当时，年仅十八岁的冯·布劳恩加入了太空旅行协会，想必他也是在这里了解到了波托奇尼克想象的空间站。1946年，当美国军方对他在二战期间领导的研发工作开展问询时，冯·布劳恩向他们阐释了自己当时的空间站构想。他明显是受了波托奇尼克的影响——这位德国工程师设想的空间站是一个由20枚长8米、直径3米的圆柱体组成的直径约50米的二十边形。这些圆柱体环绕着一个中心模块，总发电机就在此处。1951年10月12日，在于纽约海登天文馆举办的首届太空飞行国际研讨会上，冯·布劳恩呈现了稍做修改后的新版空间站蓝图。1952年3月22日，美国《科利尔》杂志（*Collier's magazine*）刊出了几位科学家在该研讨会上发表的文章。它们被整合为“人类即将征服太空”（*Man Will Conquer Space Soon*）专题文集，全长15页。杂志社还配上了由当时太空主题绘画名家们完成的大量插图。

有两篇文章被收录在了这具有划时代意义的一期《科利尔》杂志里。一篇来自冯·布劳恩，另一篇则来自他的德国同胞，作家威利·莱（Willy Ley，1906—1969）。莱也曾是太空旅行协会的一分子。在两篇文章中，冯·布劳恩和莱共同描绘出了一个可以容纳80人、直径250英尺（75米）的轮形结构轨道空间站。这个轮环空间站围绕它的中轴每12.3秒自转一周，以此来产生仿地球重力的人工重力。轮环将位于高1730千米的太阳同步轨道上，这样一来，在围着地球转的同时，空间站也总被太阳照亮着。空间站被太阳照亮的部分将装有一个抛物面太阳能聚光器，它可以加热

◀ 美国，1969年，火星探测空间站模型套装。这款模型由“林德伯格线”公司（The Lindberg Line）推出，设计灵感正来自沃纳·冯·布劳恩空间站。

▶ 亚瑟·克拉克小说《2001太空漫游》的法文版封面。本作根据斯坦利·库布里克（Stanley Kubrick）和亚瑟·克拉克的电影原创剧本改编而来，1968年由罗贝尔·拉丰出版社（Robert Laffont）发行，法语版封面图由罗伯特·麦克科尔（Robert McCall）绘制。

2001
l'odyssée de l'espace

ROMAN DE **ARTHUR C. CLARKE**

d'après un scénario de Stanley Kubrick et Arthur C. Clarke

ROBERT LAFFONT

CCC
SCIENCE FICTION
analog
SCIENCE FACT
JANUARY 1978 $1.25
SAM NICHOLSON
Dean Ing
Stanley Schmidt
01
0
71486 02028
SUPERHEAVY ELEMENTS
Margaret Silbar

▶ 拜伦·哈斯金（Byron Haskin）1955年拍摄的美国电影《征服太空》（*Conquest of Space*）中的一个场景。背景中的空间站正是按冯·布劳恩的方案设计的。

◀ 美国杂志《模拟科幻小说与事实》（*Analog Science Fiction and Fact*）1978年1月1日总第98期封面图，由亚历克斯·朔姆贝格（Alex Schomburg）绘制。

充满水银的管道，用水银产生的压力驱动交流发电机产生500千瓦的电力，然后冷却压缩水银，最终把它泵回聚光器。通过驾驶停在空间站“轮毂”上驻泊点的小型“太空出租车”，人们可以出发去乘坐航天飞机或者前去完成月球和火星航天器的组装工作。

为了防止受到流星侵袭，空间站还将安装防护罩。空间站人员的工作主要是与地球和太空保持联络、预测气象以及对地球展开民事和军事观测。冯·布劳恩看得更远，他明确提到“空间站还将是一个太空旅馆，宇航员可以在这里居住一到两个月，并在地球和空间站间往返以执行特殊任务”。他当时也已经在思考如何让空间站服务于月球和火星探索活动了。《2001太空漫游》（斯坦利·库布里克，1968年）中呈现的巨大空间站明显也是从冯·布劳恩的构想中汲取了创作灵感。这个空间站也能够自转，它负责为在地球与月球基地间往返的科学家和官员们提供舒适居所。

总之，这期《科利尔》杂志引发了轰动（卖出了超四百万份！）。之后一直到1954年4月，《科利尔》杂志不断推出与“征服太空”主题相关的特刊。这一系列文章也推动迪士尼公司制作了三期特别电视节目：《太空中的人》（*Man in Space*, 1955年3月）、《人与月球》（*Man and the Moon*, 1955年12月）和《火星和超越》（*Mars and Beyond*, 1957年12月）。冯·布劳恩在第二期中登场并展示了他的空间站模型。太空探索系列节目收获巨大成功，民众对太空和新探索计划的热情一路高涨。

20世纪50年代中期，和冯·布劳恩一起从德国远道而来的工程师克拉夫特·埃里克（Krafft Ehricke, 1917—1984）在为美国通用动力的子公司——康维尔公司（Société Convair,“宇宙神”火箭的制造商）工作。埃里克为“宇宙神”火箭加上了一个同直径的第二级（上面级），并给它取名为“半人马座”（Centauer），驱动这个第二级的将是液氢和液氧。他还提出了一个有趣的想法：可不可以让火箭的最后

◀ 1959 年 3 月美国杂志《卫星科幻》（*Satellite Science Fiction*）封面图。由雷·皮奥什（Ray Pioch）绘制，展示了罗米克构想的空间站。

▶ 1954 年 11 月 28 日法国《雷达》（*Radar*）杂志插图，图中比较了美式空间站（顶部是冯·布劳恩设计版本）和俄式空间站（康斯坦丁·齐奥尔科夫斯基和赫尔曼·波托奇尼克的方案在下方）。

一级停留在轨道上，将来利用它来存储物资、燃料或者开展空间站建设工作？

固特异飞机公司（Goodyear Aircraft）的工程师、美国火箭学会（American Rocket Society）会员达雷尔·罗米克（Darrell Romick, 1915—2008）对埃里克的提议进行了更深入的思考。这个罗米克可不是一个无名之辈。早在 20 世纪 50 年代初，他就已经发表了一系列具有预见性的文章，指出了在可循环使用火箭上和载人探月任务中应用离子引擎的好处。1955 年，罗米克曾设想通过在轨道上组装火箭留下的空级来形成一个空间站。这些空级将成为空间站的脊柱，整个空间站结构呈圆柱状，长 3000 英尺（900 米）、直径 1000 英尺（300 米），柱底是一个直径 1500 英尺（450 米）的旋轮。这个空间站比冯·布劳恩的更加宏大，它以每分钟两周的频率自转，可以承载两万人，并提供与地球相同的重力环境。在自己的文章末尾，罗米克总结道："我们能建造一个大型的可居住卫星，一个闪耀的天空之城……这个不断被扩建、增大的空间站将为人类提供新服务和新知识，它同时也是全人类的灵感之源和成就的象征。而且它潜力无限，将会成为我们通往月球、其他行星乃至更远地方的跳板。"

逃离我们的星球

在普林斯顿高等研究院（l' Institute for Advanced Studies de Princeton）工作的美国物理学家杰瑞德·欧尼尔（Gerard O' Neill, 1927—1992）是人工重力空间站计划的拥护者之一。

一切要从 1969 年欧尼尔教学方式的改变说起。当年，"阿波罗 11 号"任务刚取得圆满成功，欧尼尔开始在基础物理学课上使用从"阿波罗"计划中挑选的实例。与此同时，目睹了越战时期美国校园中的动乱景象，欧尼尔深信必须重新思考科学家和工程师在未来社会将起到的作用。为此他开始每周组织一次面向学生的研讨会。在会上，欧尼尔和学生们讨论了各种工程学问题（涉及的范围十分广泛，因此算是个不小的挑战）。他们共同探讨如何解决这些难题，以期造福全人类。

在那个年代里，人口问题和环境问题日益严峻，保罗·埃

QUI SERA LE PREMIER ?

Projet américain (1 et 2) Double coque de la « roue ». (3) Fusées pouvant se déplacer dans l'espace entre la « roue » et la Terre. (4) Moyeu où se trouvent les cabines de décompression (5). (6) Explorateur de radar. (7) Antennes. (8) Filet pour protéger les astronautes contre les variations de la pesanteur. (9) Gouttières pour l'exploitation mécanique des radiations solaires. (10) Régulateurs de chaleur. (11) Cellules d'observation. (12) Pièce où sont projetées les photos recueillies dans l'espace où évolue l'appareil par la station (13). (14) Salle de distribution d'air. (15) Appareils de climatisation. (16) Salle de météorologie. (17) Hommes se déplaçant avec un moteur à réaction (18).

Projet russe Un immense disque (1) capte les rayons solaires et transforme leur énergie en forces propulsives. Les astronautes se tiennent en contact permanent avec la terre grâce au radar (2), à la radiotélévision (3) et aux miroirs clignotants-télescopiques (4). En (5) se trouve la plate-forme d'accès des fusées terrestres (6). Les voyageurs débarquant passent par le tube axial (7) et accèdent ainsi à la sphère centrale (8). Celle-ci échappe totalement à l'action de la pesanteur. De cette sphère, les voyageurs se laissent glisser le long des tubes rayonnants (9) afin d'atteindre l'anneau creux (10) qui est la partie habitée du satellite. Remarquer dans les parties découpées (11 et 12) que les habitants se trouvent dans une position renversée et sont maintenus sur le plancher par la force centrifuge due à la rotation du satellite artificiel.

LA SEMAINE PROCHAINE

SUITE DE "L'OFFENSIVE LUNE"

LA TERRE A-T-ELLE UN 2E SATELLITE NATUREL ?

利希（Paul Ehrlich）刚于 1968 年出版《人口炸弹》（*The Population Bomb*）一书。欧尼尔认为是时候思考这个问题了：一个行星的表面真的是科技文明扩张的最佳场域吗？学生们的热情鼓舞了他，他们给出的优质提案也对他有所启发。1974 年，欧尼尔在《今日物理》（*Physics Today*）上发表了文章《太空殖民化》（*The Colonization of Space*）。他描述了四种圆柱体太空殖民地模型，其中最小的能接纳一万人，最大的则可以接纳两千万人！四种模型中，最大的圆柱体半径为 3.2 千米，长 32 千米，114 秒内能自转一周产生人工重力。这些柱体上装有镜子且留有宽大窗洞，以便更好地采光。欧尼尔还解释了柱体内部机械构造以及如何依靠太阳辐射进行食品和能量生产、如何维持柱体内部的良好环境等等。由于殖民地的一部分将使用月岩来修建，因此，欧尼尔预计在地月系统拉格朗日 L2 点处组装这些殖民地，然后将其运至 L4 点和 L5 点处。欧尼尔在这篇文章里表示，自己的太空殖民地计划将为著名的“梅多斯报告”——《增长的极限》（*The Limits to Growth*, 1972 年发表）所预测的黑暗未来提供解决方案。欧尼尔指出：“我们必须意识到太空殖民地的巨大潜力。如果我们能尽早开始建造它们并恰当地加以利用，那么当今世界面临的难题中至少有五个能在不动用镇压手段的情况下解决：我们能让每个人都能过上当今只有富人才有权享受的生活；使生态圈免受交通和工业生产造成的不利影响；为每 35 年就要翻一番的人口开辟优质的生活空间；找到使用便捷的干净能源；让地球热平衡免遭破坏。”

1975 年，美国宇航局组织了以太空栖居地为主题的暑期研学活动。活动在欧尼尔领导下于斯坦福大学展开。这次研讨最终孕育出了一个设计方案：建一个直径 1800 米、一分钟自转一圈、能容纳一万人的巨大环形物（斯坦福环）。它的能量来源仍是太阳辐射。太阳能被利用来进行农业生产活动和发电。

1977 年，欧尼尔在著作《高边疆：太空中的人类殖民地》（*The High Frontier: Human Colonies in Space*）中将自己的所有构想提纲挈领地总结了一番。欧尼尔提议，将两个圆柱体空间站拼接在一起并使之同时向相反方向转动以保持整个系统的动态平衡。欧尼尔还新提出了一个球体太空殖民地模型。这个球体是贝尔纳 1929

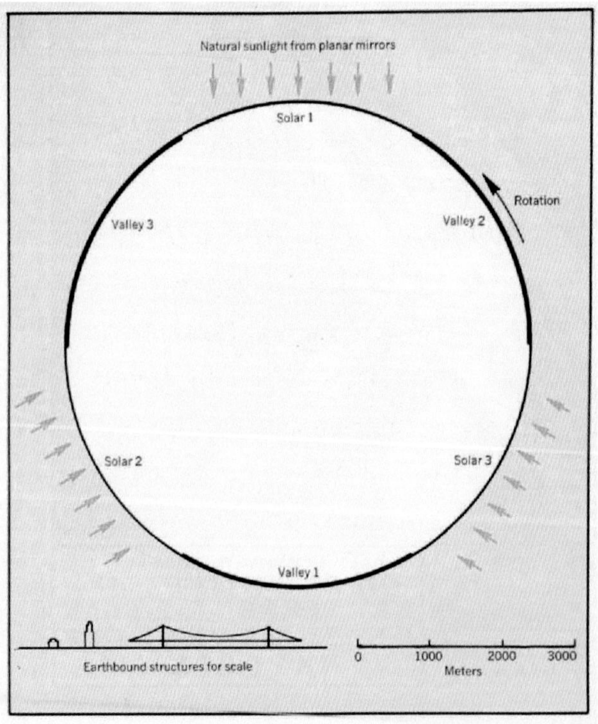

Natural sunlight from planar mirrors
Solar 1
Rotation
Valley 3
Valley 2
Solar 2
Solar 3
Valley 1
Earthbound structures for scale
0 1000 2000 3000
Meters

◀ 1974 年 9 月发表于《今日物理》上的美国物理学家杰瑞德·欧尼尔《太空殖民化》一文中的太空殖民地示意图。关于欧尼尔柱体的规模，读者可以参考一下帝国大厦和金门大桥。[①]

① 此图为截面图。“solar”处接受阳光照射，“valley”表示覆盖有陆地。——译者注

年球体空间站的改良版。球体殖民地的优势在于，在体积固定的情况下，球体的表面积必然最小。利用这一点，我们不仅可以节省建造空间站外壳所需的材料，还能减少空间站与外部环境的热量交换。

▲ 贝尔纳球横截面图，里克·吉迪斯绘于 1976 年。

欧尼尔令人叹为观止的空间站构想当然让科幻小说作家和太空艺术插画家们灵感迸发。他们中的某些人后来也将接受美国宇航局的委托进行创作。斯坦福环毫无疑问就是《极乐空间》（尼尔·布洛姆坎普，2013）里出现的环状空间站的原型。

巨型圆柱体空间站也成了科幻小说的“常客”。比如，在小说《与拉玛相会》（*Rendez-vous avec Rama*,1973）中，作者亚瑟·克拉克就描写了人类是如何对巨大柱体星际飞行物——一个长 50 千米，直径 20 千米的圆柱体自转空间站——展开探索的。在书中，这个内部空空如也、建造者下落不明的圆柱体穿越了太阳系。在大荧幕上，《星际穿越》（*Interstella*，克里斯托弗·诺兰，2014）里展现的“库博”空间站其实也是一个绕土星运动的欧尼尔圆柱。在詹姆斯·科里（James Corey）《苍穹浩瀚》系列小说（2014—2019）及其同名电视剧中，“纳府号”（Nauvoo）飞船的原型也是欧尼尔圆柱，它专门为运载摩门教徒进行世代星际旅行而修建。

▼ P56 上方：欧尼尔柱太空殖民地的内部景象，图片由里克·吉迪斯（Rick Guidice）绘于 1975 年。
P56 下方：斯坦福环剖面图，里克·吉迪斯绘于 1975 年。
P57：由两个反向旋转的圆柱体组成的太空殖民地外观图，里克·吉迪斯绘于 1976 年。

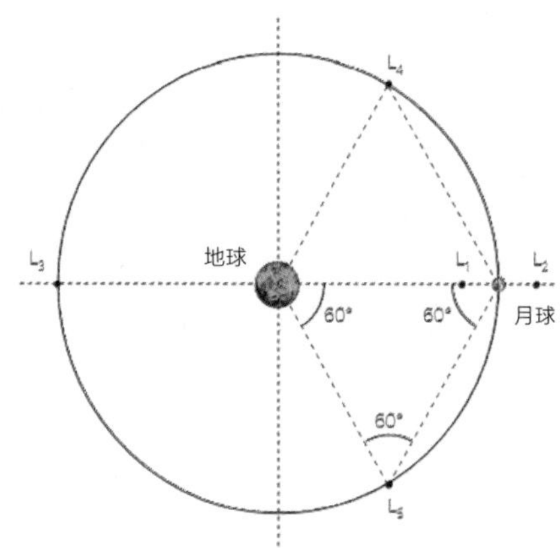

▲ 双体系统中的拉格朗日点（以地月系统为例）指的是一些特殊位置，当质量可忽略的物体处于这些位置时，两个主要天体施加的引力以及其本身承受的离心力恰好形成平衡。拉格朗日点存在五个：点 L1、L2、L3 与两个天体在一条线上，点 L4 和 L5 分别与两个天体组成一个等边三角形。

人工重力

让我们一起想象一个位于地球轨道上的圆柱体太空站。在空间站内部，一名乘客参加了我们的物理实验。一开始，空间站呈静止状态或者做匀速直线运动（又称“惯性运动”）。

从伽利略那里我们得知，对于该乘客而言，这两种状态是难以区分的。在失重情况下，乘客如果想保持与空间站侧壁的接触，他就必须被固定在侧壁上。推进器让空间站呈自转状态，由于宇宙真空中没有摩擦产生，所以推进器停止运作后，转动的速度也会保持恒定。由于与侧壁相接触，该乘客此刻必然随着空间站运动。他因此受到来自侧壁的力，也必然向侧壁施加一个反方向的同样大小的力（“离心力”）：这就和他在地球上受到重力的效果一样。在实际中，我们可以通过调整自转周期和圆柱体的半径让离心力加速度与地球重力加速度相同。

前途未卜

那个各种空间站构想大放异彩的时代已经离我们远去。不过，建一个巨型空间站这个话题虽已没了当年的热度，但也没有完全过时。2006 年，由三位分别来自美国和印度的科学家组成的科研小组发表了一篇文章，详述了一个巨型空间站的设计蓝图。空间站被起名“卡帕娜 1 号”，以纪念在 2003 年 2 月“哥伦比亚号”航天飞机事故中遇难的印度裔美国航天员卡帕娜·乔拉（Kalpana Chawla）。 这个空间站也是一个能自转的圆柱体，但是半径 250 米、长 325 米的它比欧尼尔当初构想的那个要小巧许多，预计可以容纳3000人。小组成员们重新审视了大型空间站建造计划，对 20 世纪 70 年代的各种旧空间站方案进行了改进。他们提出，要减轻防外部冲击护罩的重量、优化采光系统、缩短柱体长度以让其在转动时能更好地处于动态平衡状态。

2009 年，法国工程师奥里维埃·布瓦萨尔（Olivier Boisard）和皮埃尔·马克思（Pierre Marx）设计了一个可容纳一万居民的太空城市“阿波吉奥斯”（Apogeios）。这个设计方案的新颖之处在于，太空城虽然规模巨大（千米级别），但相对轻盈（虽然也达到了七十五万吨）。他们想把该太空城放置在地月系统拉格朗日 L5 点上，以便开采和利用月球矿产资源。不过，目前尚无任何航天机构尝试过修建大型的轨道殖民地，这主要是由于技术掣肘——发射能力有限、组装难度过大。当然，造价也很高昂。也不知道未来我们能否在现实中看到它们。

巨型空间站前途未卜。它们为人类带来了太多挑战：有些是科学层面的（我们真能长时间维持一个封闭生态系统的运作吗？）；有些是纯技术操作层面的（如何完成空间站维修保养工作？）；还有些是经济层面的（这些太空城中应该实行哪种经济模式？）以及伦理层面的（修建这些太空城市的最终目的是什么，如何治理？）。1977 年，太空殖民地计划风头最劲的时候，美国科技史学家刘易斯·芒福德（Lewis Mumford）针对以上疑惑干脆利落地做了个回应：“在我看来，建设太空殖民地就是人类文化的又一病态表现，我们此前还曾倾尽全力发展以灭绝人类为目的的核武器。人类利用这些技术手段来掩盖自己那幼稚的幻想。”

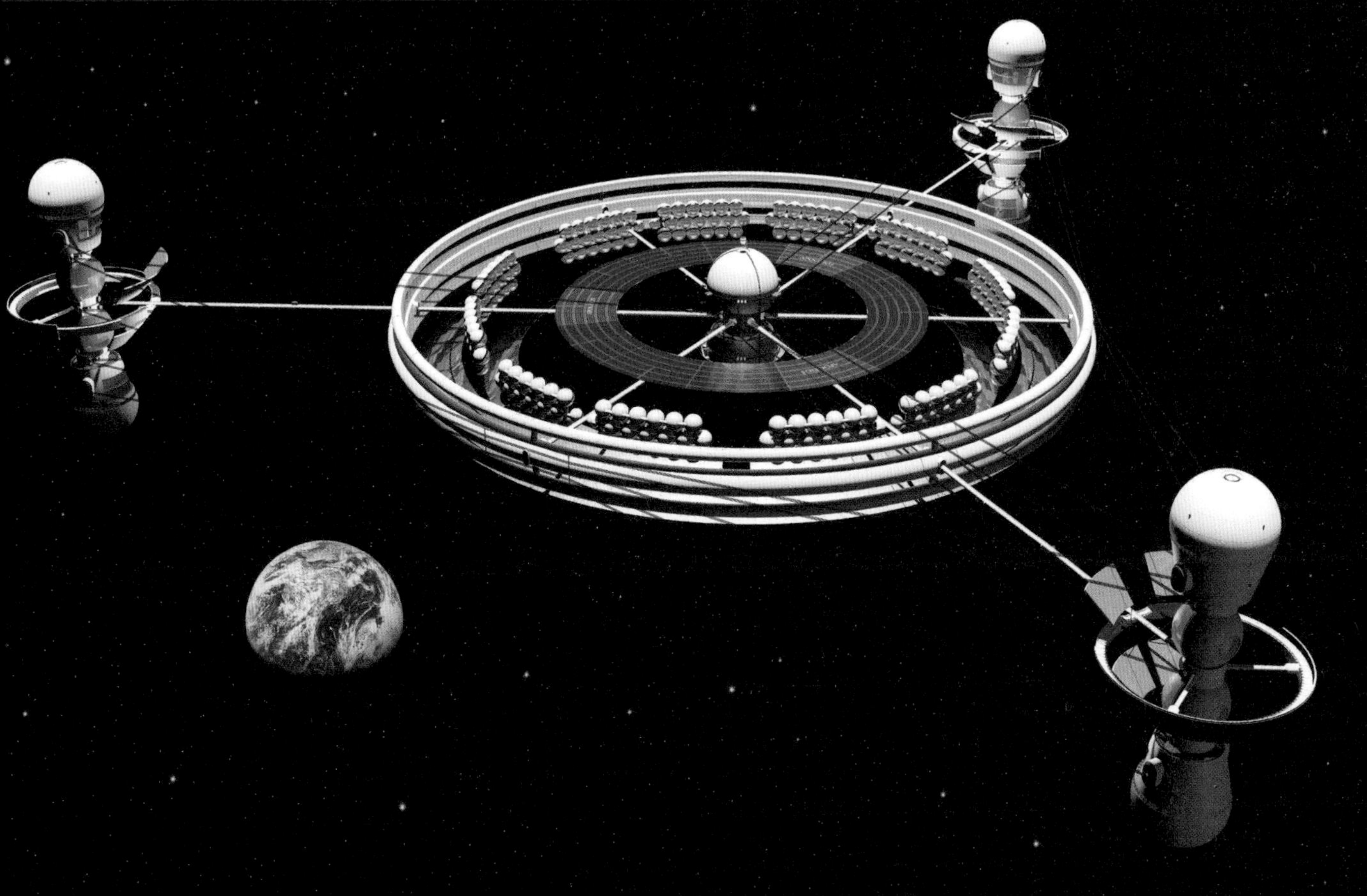

奥里维埃·布瓦萨尔和皮埃尔·马克思设计的
太空城市“阿波吉奥斯”全景图，2009 年。

2013 年，尼尔·布洛姆坎普执导的美国电影《极乐空间》中的场景。这个与电影同名的空间站的灵感来源正是斯坦福环。

从“礼炮 1 号”到国际空间站

“‘国际空间站’（ISS），这个简单的名字代表着航天史上辉煌灿烂的一页。然而，辉煌背后的故事却少有人知：在空间站建造的初期，人们曾遭遇了种种挫折、磨难，有时甚至付出了生命的代价。”

混乱开端

一切要从 1971 年 4 月 19 日讲起。就在那年，苏联将人类史上第一个空间站“礼炮 1 号”（Saliout 1）发射到了距地高度 200 千米的轨道上。按照计划，它将在几天后与“联盟 10 号”飞船对接。但是对接出了岔子，“联盟 10 号”的三名宇航员没能进入空间站，计划最终流产。虽然无功而返，但所幸，他们还是平安回到了地球。同年 6 月 7 日，“联盟 11 号”任务中，另外三名宇航员成功进入空间站。虽然在站内生活期间碰到了各种问题，不过，他们仍完成了 22 天的停留任务并创下了人类在太空生活时长的纪录。1971 年 6 月 29 日，宇航员们退出空间站，开始返航。然而，就在返回舱和服务舱分离时，爆炸螺栓在 168 千米高处突然爆炸——按原定计划，螺栓应该在距地面几千米处时再启动——这导致舱室空气泄漏。由于缺氧和气压骤降，仅在数十秒之内，三名宇航员——格奥尔基·多勃罗沃利斯基（Georgy Dobrovolsky）、弗拉季斯拉夫·沃尔科夫（Vladislav Volkov）和维克托·帕查耶夫（Viktor Patsayev）全部牺牲。

形影不离的搭档——“联盟号”与索科尔宇航服

此次悲剧发生后，苏联决心为宇航员们配备一种可以预防漏气事故的特殊防护服。这就是后来的索科尔宇航服（SOKOL）。在飞船穿越大气层进入太空或是返航时，“联盟号”所有机组成员都会穿着索科尔。从 1973 年的“联盟 12 号”任务开始，索科尔宇航服就投入使用，此后专家也在不断对其进行改进，所以直到今天，索科尔仍活跃在航天舞台上。它的搭档、几十年来同样经历了多次优化的“联盟号”则被视作

俄罗斯空间站“和平号”，1998 年 6 月从美国“发现号”航天飞机上拍摄到的景象。

目前最安全的载人航天飞行器，前往国际空间站的宇航员们都是由它负责运送。

宇航员们的惨烈牺牲并不代表空间站计划走向了末路。在“礼炮 1 号”退役脱轨后，苏联接连经历了数次失败。终于，在 1974 年，依靠“联盟 3 号”空间站（苏联两个军事用“联盟号”空间站之一，另一个是 1976 年到 1977 年运行的“联盟 5 号”），苏联人又一次实现了空间站停留。

与此同时，美国也于 1973 年 5 月 14 日发射了他们的第一个空间站——“天空实验室”（Skylab）。到 1974年为止，美国在“天空实验室”上进行了三次任务，这三次停留时长分别为 28 天、60 天和 84 天，均打破了 1971 年苏联宇航员创造的纪录。

但是，要问起哪家空间站技术更先进、拿下的第一最多，那还得是苏联。苏联第二代空间站能够同时对接两个航天器，比如，两艘载人航天飞船或者一艘载人航天飞船和一艘无人驾驶货运飞船（目前仍在服役的“进步号”飞船就是个例子）。

虽然有过小插曲（苏联飞船第一次尝试和“礼炮 6 号”空间站对接时并没有成功），但苏联的“礼炮 6 号”在 1977 年到 1981 年间断断续续接待了 16 支宇航员队伍，其中包括了第一批长时间驻站的人员。在“进步号”货运飞船的帮助下，“礼炮 6 号”空间站第一次实现了空中加油。为了“礼炮 6 号”，苏联宇航员们还开展了历史上首次以维修空间站为目的的出舱活动。“礼炮 7 号”空间站任务同样大获成功。在 1982 年至 1986 年间，“礼炮 7 号”空间站总共被 10 支宇航员队伍非连续占用，其中有 6 组人员在此做了长期停留。

从单舱空间站到多舱空间站

苏联航天经验之丰厚，已无他国可望其项背。这个航天大国并没有就此满意地止步，它还在继续前行。

1986 年，苏联发射了首个第三代空间站——“和平号”（Mir）的核心舱，并由此开创了一种新范式。单舱空间站和一次性发射整体已成为过去，“和平号”将带人类走进多模块空间站纪元。以往的单模块空间站都被设计成了能被完全置于火箭鼻锥下的形态，而新一代空间站则是由好几部分构成，组装要在太空中进行。

拯救“礼炮 7 号”

“礼炮 6 号”和“礼炮 7 号”并非完美无瑕，它们难免出现故障（我们甚至可以说，其实出的故障还挺多的……）。“礼炮 7 号”曾因此见证了一次特殊的航天任务：1985 年 2 月，苏联与当时无人驻守的空间站“礼炮 7 号”失去了联系。于是，在 6 月初，弗拉基米尔·贾尼别科夫（Vladimir Dzhanibekov）和维克多·萨维内赫（Viktor Savinykh）受命前往太空“抢救”失联空间站。到达空间站后，他们发现电力系统已经完全瘫痪。空间站内部空气虽然尚可供人呼吸，但舱内寒冷异常，设备和舱壁上覆着冰霜，两位宇航员不得不穿上大衣和防寒服。他们在这里待了好几个月，此次任务被来自美国的太空探索史专家大卫·波特里（David.S. F.Portree）称为“空间站修复史上最惊人的壮举”。另外，俄罗斯导演克里姆·希彭科（Klim Chipenko）也受这次传奇抢修任务的启发，拍摄了电影《礼炮 7 号》（2017）。

◄（左上图）1995 年 2 月 6 日，“和平号”空间站与美国“发现号”航天飞机相遇时，俄罗斯宇航员从“和平号”的舷窗向外看去。该图由波利亚科夫拍摄，他在 1994 年 1 月 8 日进入空间站，当时已经在此工作了一年有余。

▼（左下图）2017 年 4 月 24 日，美国宇航员佩吉·惠特森身处国际空间站顶部。就在当天，她打破了由上一个美国人创造的停留时长纪录（534 天

虽然早在 1986 年，“和平号”空间站的核心模块就已经发射升天，但要等到十年之后，空间站才算全部组装完毕：完全状态的“和平号”空间站含有 7 个加压舱室。“和平号”于 1986 年到 2000 年间接待航天员们在此留驻（空间站内无间断接待宇航员的时期长达十年），瓦列里·波利亚科夫（Valeri Poliakov）第二次登上空间站后在此连续停留长达 437 天。截至目前，他创下的这个单次停留太空时间最长纪录仍未被打破！

以“礼炮 1 号”空间站为起点，俄罗斯的空间站建造技术不断进步。再加之 20 世纪 90 年代，美俄两国已经有了在“和平号”空间站上进行合作的宝贵经验。于是，造一个更加宏大的空间站——国际空间站——的计划应运而生。

1998 年，第一个国际空间站组件被成功送入轨道。从 2000 年至今，空间站内一直都有宇航员长期值守工作。现在我们看到的国际空间站由分 42 次发射的十多个加压舱和其他部件组成，总重 420 吨。空间站内部有 388 立方米大小的生活空间，来自 19 个不同国家的 241 名宇航员曾在此留驻。在这里待得最久的是美国宇航员佩吉·惠特森（Peggy Whitson），这名多次在空间站执行任务的女航天员总留驻时间竟长达 665 天！

虽然许多国家的宇航员都曾登上过国际空间站，但世界上有个航天大国，它的宇航员从没有来过此处，那便是中国。中国人着手建造了自己的空间站，他们就和当时的苏联人一样，一步一个脚

怎么才能从地球上看到宇航员们呢？

我们当然不能看到距离我们 400 千米以外的人类，因为他们太小了。不过就算身处大都市，我们仍是有机会用肉眼看到从天空划过的国际空间站的！在夜间，太阳能板上的反光能为我们指明空间站在夜空中的方位。此时的空间站看起来就像是一个从西到东前进的、极其耀眼的大光点。感兴趣的读者朋友们也可以通过网络和各种应用程序查询空间站经过的时刻表。

轨道上的“礼炮7号”空间站。“礼炮7号”一共在轨道上停留了九年（1982年4月19日至1991年2月7日）。

俄罗斯货运飞船“进步号”和俄罗斯飞船“联盟号 MS-18”，本图由法国宇航员托马·佩斯凯于 2021 年 5 月 14 日从国际空间站拍摄。

ПРОГРЕС

印地探索着，在此过程中不断积累达成目标所需的经验和技术。中国过去建造的两个空间站都是仅含一个模块的单舱空间站：2011 年发射的“天宫 1 号”在 2012 年和 2013 年接待了两组宇航员；2016 年发射的“天宫 2 号”在同年迎来了唯一一组进驻宇航员。

以上提及的空间站，除已经成为地球轨道最大卫星的国际空间站之外，目前均已脱离轨道并在进入大气层后焚毁。

空间站，有什么用？

太空之旅刚刚起航之时，宇航员都是从军队选拔出的试飞员。他们的职责是测试航天器、不断打破纪录、冒着巨大风险实现许多伟大的“人类首次”，比如，美国宇航员就在此前无人到访的月球留下了属于人类的第一个足迹。但是，从 20 世纪 70 年代起，尤其是在最后一次“阿波罗”任务（1972）后，宇航员们就停止探索那些遥远的未知星球了，他们现在往往止步于近地轨道。其主要任务也不再是测试各种航天设备和技术，而是协助地球上的科研工作者。空间站成了科学实验室，因此，一些医生、科学家和工程师也成为太空机构招募宇航员的理想人选。

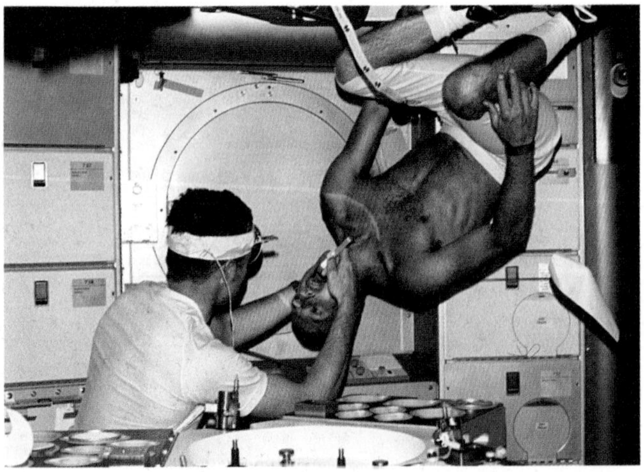

宇航员们既是实验操作人员，也是清洁工，同时还是全能修理员以及“小白鼠”。读者朋友们大可放弃科幻小说为宇航员塑造的那种“探索陌生世界，勇敢驶向前人未至的宇宙洪荒”[①] 的英雄形象。如果今天你想在太空里工作，那就得爱上在封闭舱内关半年的感觉，而且你必须保证严格按要求进行实验并完成各式清洗维修工作。举个例子，在首次任务中，托马 · 佩斯凯在抵达的次日就被委以了维修空间站洗手间的重任……

除了军用空间站“礼炮 3 号”和“礼炮 5 号”外，其他空间站的建造目标都只有一个：做科学实验。关于在空间站里开展过哪些实验，发表了哪些成果，有何进展以及后续应用情况，我们在这里没办法列一个完整清单出来，毕竟在这几十年来，几百位宇航员在各种任务中进行的实验实在是太多了。这些实验涉及多个领域，如天体物理学（有些现象在大气层之外才可能观测或者观测起来才更方便）、地球观测、物理学（基础物理学、材料物理学、流体物理学）、机器人技术甚至医学（生理学、神经学、免疫学、心脏病学、骨科学……此时，宇航员们就成了我们的小白鼠了）。

① 以上摘自《星际迷航》片头独白。——译者注

◀ 1973 年，美国“天空实验室 2 号”任务中，医生约瑟夫 · 科文（Joseph Kerwin）正在为指令长皮特 · 康拉德（Pete Conrad）检查牙齿。多亏了失重效应，他们俩能一直保持这个奇妙姿态。

2017 年 1 月 13 日，法国宇航员托马 · 佩斯凯正在进行他的第一次出舱任务。同行的还有罗伯特 · 沙恩 · 金布罗（Robert Shane Kimbrough）。此次任务时长 6 小时，主要工作内容是安装三个新的适配器板和三块锂离子电池。

◀ 1975年7月17日，美国“阿波罗号”与苏联“联盟号”对接示意图。1975年4月由大卫·梅尔策（David Meltzer）绘制。插图呈现的是两名指令长通过舱口握手的场景。

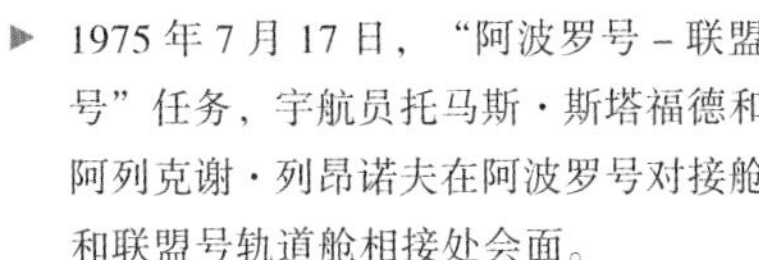

▶ 1975年7月17日，“阿波罗号－联盟号”任务，宇航员托马斯·斯塔福德和阿列克谢·列昂诺夫在阿波罗号对接舱和联盟号轨道舱相接处会面。

宇航员们还在失重环境里开展了些意想不到的科研项目，比如，植物学研究（他们在国际空间站里养了点花，还种了小胡萝卜和生菜）以及生物学研究——你可能以为空间站只接待人类，但其实它还向几十种其他生物张开了怀抱：水母、蜘蛛、老鼠、鱼、蝴蝶和缓步动物们都来做过客。

空间站实验的目标有三：发展新知、提升地球生活水平（多亏了空间站实验，许多专利、新技术和新药物才能顺利问世）、研究人体在太空恶劣生存环境中的反应从而为未来的月球/火星长期任务铺路。

作为外交手段的空间站

空间站并不是只能在科学和医药领域大展身手，其实这里也是各国开展国际合作的试验场。

首批空间站诞生时，世界冷战正酣。美国建“天空实验室”，苏联造“礼炮号”，两边各玩各的。但在1975年的“阿波罗号-联盟号”任务中，两国选择了握手言和（至少在太空领域）。此次任务里，美国飞船（“阿波罗号”）与苏联飞船（“联盟号”）实现了对接，托马斯·斯塔福德和阿列克谢·列昂诺夫间的握手可谓具有划时代意义。两个敌对大国首度并肩工作，人们从中看到了未来合作共赢的无限可能性。

不过，苏联不止美国一个搭档：60年代末启动的苏联“国际宇航员计划”（Interkosmos）允许共产主义阵营国家及非共产主义阵营国家（其中就包括法国）参与到苏联的航天任务中。因此，1978年到1981年间，在苏联“礼炮6号”空间站中，我们能看到来此短暂驻留的捷克斯洛伐克、波兰、东德、匈牙利、越南、古巴、蒙古以及罗马尼亚宇航员。也正是受益于此计划，让-卢·克雷蒂安（Jean-Loup Chrétien）成为法国第一个航天员，他在1982年于“礼炮7号”空间站中度过了一周时间。

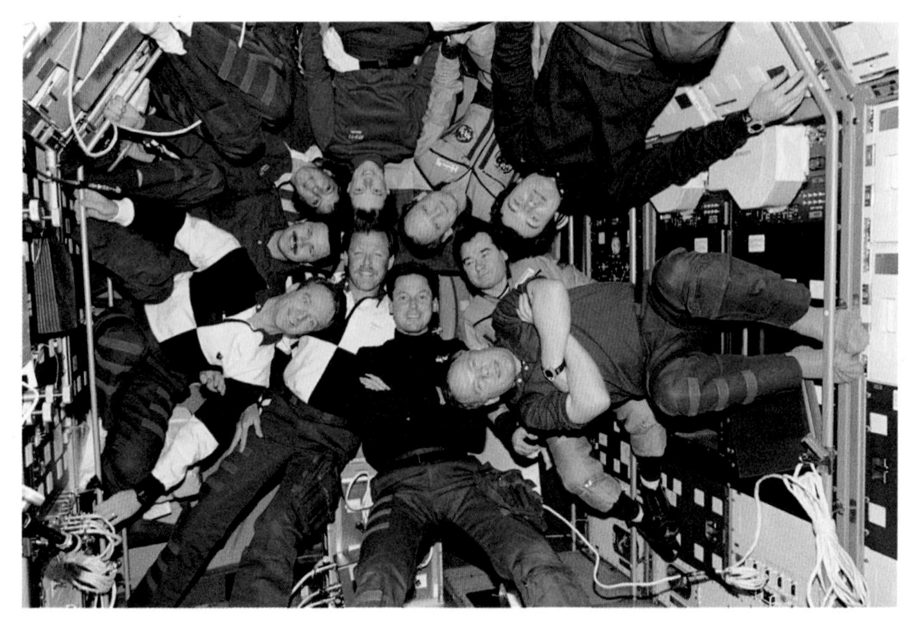

▲ 参与“STS-71”“和平号-18”“和平号-19”任务的美国宇航员和俄罗斯宇航员在1995年夏天于美国航天飞机“亚特兰蒂斯号”的“空间实验室”(Spacelab)实验舱内合影。

随后，苏联空间站还与美国航天飞机进行了数次对接。这个计划原本开展起来很是费劲，不过苏联解体（1991年12月）大大加快了双方的合作进程。有趣的是，当时正在太空执行任务的亚历山大·沃尔科夫（Alexandre Volkov）和谢尔盖·克里卡列夫（Sergueï Krikalev）就这样在一夕之间换了国籍：他们1991年年末出发时还是苏联人，结果1992年年初落地时已成了俄罗斯公民。由于地缘政治局势复杂加之预算吃紧（俄罗斯元气大伤，美国宇航局也因经费不足所以没能实施新空间站计划），两个国家决定在“航天飞机-和平号计划”（Shuttle-Mir, 1994—1998）中再度携手。计划的短期目标是为俄罗斯继续发展空间站技术创造条件，帮助美国积累长期飞行任务的经验并分担俄罗斯的预算压力；长期目标则是共同筹建国际空间站。这将是由数个太空机构合作完成的浩大工程，其中领头的就是美国宇航局和俄罗斯联邦航天局。1998年，俄罗斯空间站“和平号”尚在运作之时，由俄罗斯建造的第一个国际空间站模块就已经被发射进入轨道。时隔23年，我们现在看到的国际空间站已拥有十多个加压舱，目前仍运作正常。

以上一系列事实向我们证明了，两个长期敌对国家也有可能进行合作，而且它们的合作将卓有成效。因此，不管国家间在地面上起了怎样的摩擦或者冲突，大家都应该尽力让合作延续下去。现如今，太空合作的佳话还在续写。美国和俄罗斯总能找到利益共同点，他们也明白在太空中携手向前是大势所趋。虽然空间站首先是作为科学实验室而存在的，但它也是重要的外交工具，是两个剑拔弩张的国家也能同心协力几十载的见证者。

▶ 美国航天飞机“亚特兰蒂斯号”与俄罗斯“和平号”空间站对接。1995年7月4日，执行“和平号-19”任务的宇航员于“联盟号”飞船上拍摄。

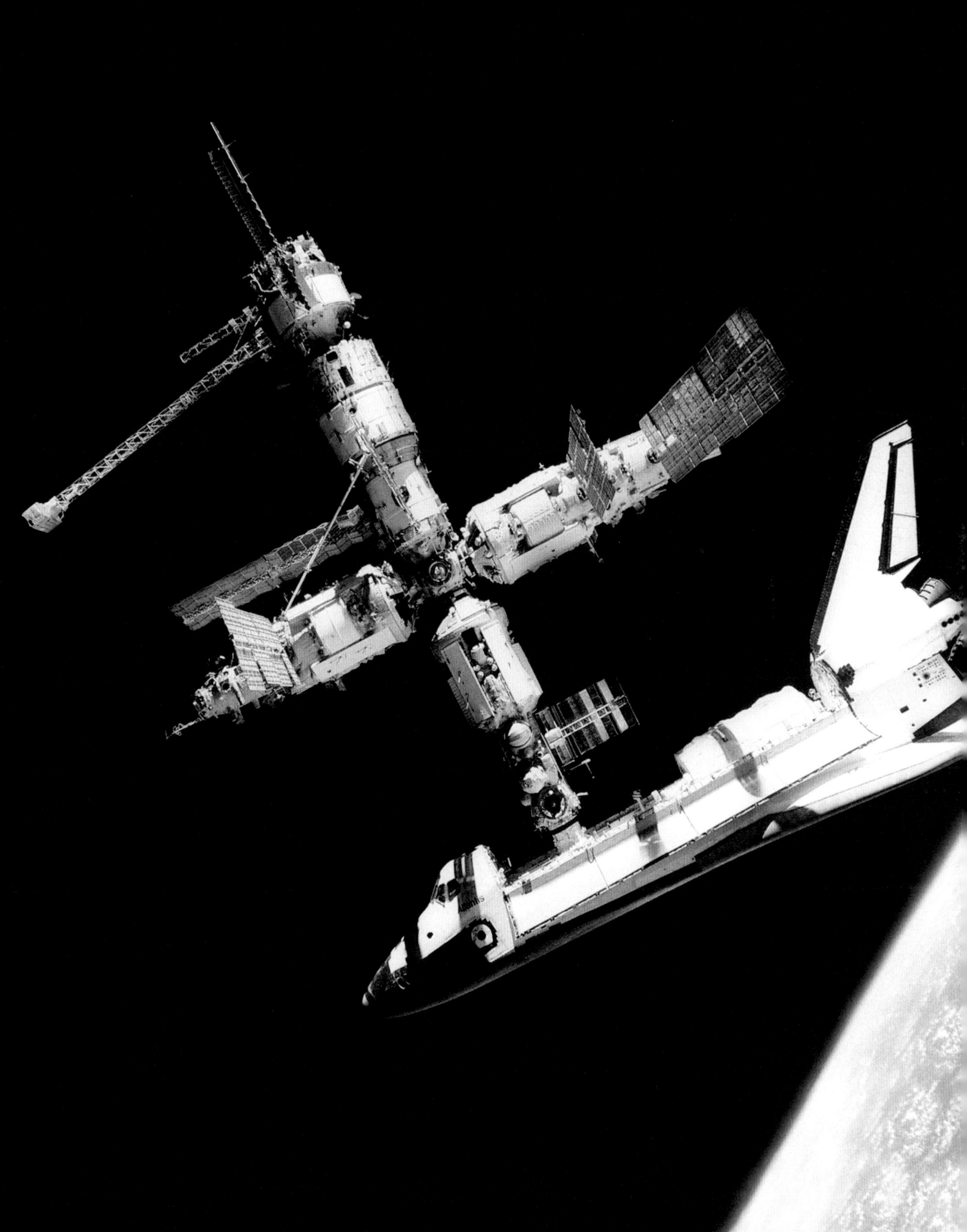

第三章

月球

满月。月球勘测轨道飞行器（LRO）从2009年夏天起就开始在环月球轨道上飞行。月球轨道飞行器激光测高仪（LOLA）及月球勘测轨道飞行器照相机（LROC）拍下了月球崎岖不平的表面，我们可以在图上看到清晰的月面细节。

走，出发去月球！

“月球是离地球最近的天体，可望而不可即。它点燃了人类对于太空旅行的最初激情，也引发了我们关于宇宙的最早思辨。飞向月球，一个由来已久的话题，从古至今的文学作品将其反复演绎。

1969 年到 1972 年间，随着六次‘阿波罗计划’取得成功，人类亘古就有的梦想终于照进现实。虽然在随后的五十年里，人们的登月热情暂时沉寂了下去，不过现在，月球再一次成了太空机构们的心头好：美国计划在月球轨道上建立‘月球门户’（Lunar Gateway）空间站；中国在着手开展月球载人航天计划；美国公司 SpaceX 会在 2022 年发射以月球为目的地的火箭，该公司还宣布已签下私人环月飞行订单，将在 2023 年帮亿万富翁前泽友作实现他乘飞船绕月的梦想。

趁着‘探月热’再兴，我们不妨先进行一场以探月为主题的文学和电影作品巡礼，一起来看看这些作品是如何带人类飞上月球的吧！”

◄ “飞往月球的炮弹列车”。亨利·德·蒙托为儒勒·凡尔纳的《从地球到月球》（1865）所作插图，摘自赫策尔（J. Hetzel）1868 年于巴黎发行的版本。这个“炮弹列车”包括一个顶部带烟囱的、起牵引作用的炮弹，一节装有储备燃料的车厢以及三节载客运货的车厢。

► 《月球之旅》，讽刺画。画中主人公是一个坐在类似自行车的飞天机器上的男人。我们在气球上能读到“两轮自行车狂热爱好者”（Vélocip é domanie）字样，本图绘制于 1865—1870 年期间。

◀《火！》，亨利·德·蒙托为儒勒·凡尔纳的《从地球到月球》（1865）所作插图，摘自赫策尔 1868 年于巴黎发行的版本。

身为主角的工程师

在第一章中，我们提及了人类形形色色的太空狂想。幻想的年代消失之后，我们将迎来历经工业革命和科学伟大进步的 19 世纪，一个属于工程师的世纪。在这个世纪里，飞上月球就不是顺着巨大豌豆藤爬上天或者被飓风从海上直接刮到太空那么玄幻了。人们开始依据科学原理和工程学知识来计划登月之行。儒勒·凡尔纳在小说《从地球到月球》（1865）中提出用巨炮将主人公发射至月球上。为了赋予炮弹足够摆脱地球引力的速度，作者想把大炮架在赤道附近，这样也好将地球的自转速度充分利用起来。在他的表哥、数学家保罗·亨利·加尔塞（Paul Henri Garcet, 1815—1871）的建议下，凡尔纳决定把大炮摆到佛罗里达州的海岸，此地就在现在的卡纳维拉尔角发射场不远处。在本作中，凡尔纳对太空旅行原理的解释显得十分专业且恰如其分。不过，大作家难免还是犯了些小错误（请参看本书第 99 页框中文字）。

选择大炮来发射并不明智，因为大炮的加速是在炮膛中完成的，所以加速时间往往过短。如果想要一枚静止的炮弹在一秒内达到“逃逸速度”（复习一下，11.2 千米 / 秒），那就需要给它一个比重力加速度大 1100 倍的加速度。可怕的是，在这个加速过程中，乘客必然被压成一堆红色肉泥……虽然大炮送人登月的方案不靠谱，但是还是有人从这个方案的原理中得到些许启发。

美国和加拿大就曾联合开展了一项代号“竖琴”的军事计划（HARP，“高空飞行研究计划”，High Altitude Research Project）。该计划旨在以较低成本进行再入大气层弹道研究。所以他们放弃了火箭，转而选择使用大炮来发射目标，以让其达到所需高度和速度。1966 年 11 月 19 日，一枚重 435 千克、速度达到 2.1 千米 / 秒的炮弹终于短暂飞上了 180 千米的太空，创造了纪录。1985 年，美国启动了一个更加宏大的计划，代号“锋锐”（SHARP，“超高空飞行研究计划”，Super High Altitude Research

Project），由劳伦斯利弗莫尔国家实验室负责执行。这次，美国想用气炮送卫星去太空，当有效荷载与大炮分离后，一枚小火箭将负责完成剩下的任务，把卫星送入近地轨道。这项研究的目标是把每千克质量的发射成本降到之前的二十分之一。1992 年，美国成功研制出了可运作的初版大炮，但在三年后，这个计划最终还是被放弃了。

月球，另一个世界

赫伯特·乔治·威尔斯（H. G. Wells, 1866—1946）在小说《最先登上月球的人》（*Les Premiers Hommes dans la Lune*, 1901）里也提到了一些登月相关的技术细节。他想象中的太空飞船将使用“凯沃物质”建造。这是一种虚构材料，由凯沃博士（探险小队里的物理学家）通过“融化几种金属和其他一些东西”提炼而来，具有可以屏蔽重力的特殊性能，就类似于法拉第笼屏蔽电磁场那样。所以，利用这种“凯沃物质”可以造出一个拥有反重力能力的飞船。

但是很可惜，物理学没有那么神奇，所以并不存在这样一种能完全屏蔽重力的材料，要真有，人类就能造出永动机了。威尔斯的小说虽然技术含量不高（这一点也为凡尔纳诟病），却与生物学和社会学联系紧密。他对月球住民的描绘为后世的外星人想象提供了首个模板：这些月球住民长得不像人，生活在月球地下。就像昆虫社会那样，月球社会对住民进行了高度专业化的分工。威尔斯幻想地球外的星球上可能存在着其他形式的生命。乔治·梅里爱（Georges Méliès, 1861—1938）也在他 1902 年拍摄的电影中呈现了人类与月球住民的交往场景。他的《月球旅行记》（*Voyage dans la Lune*）受到了儒勒·凡尔纳小说的启发（可能威尔斯也给了他些灵感）。影片全长 13 分钟，风格诙谐，讲述了一支人类探险队首次前往地球的天然卫星并邂逅月球奇异住民（由当时女神游乐厅的杂技演员们饰演）的故事。在这部节奏奇快的短片中，探险者们就是乘着由大炮发射的炮弹飞去了月球——电影创作者采用了我们之前讲到的凡尔纳的方案。

▶ 乔治·梅里爱《月球旅行记》（1902）中的一幕。

除了呈现天马行空的登月幻想，这部电影也是关于人性的寓言，展现了人类当时对非我族类者（月球住民就是其象征）的认知。它让人想起了殖民者对殖民地原住民的种种落后偏见。梅里爱这部星际探险电影使用了当时最先进的特效，呈现了居住着恐怖外星生物的月球表面的奇景。“科幻电影开山之作”的名号它确实当之无愧。

▲ “是的，我们能飞向月球！”马塞尔·让让（Marcel Jeanjean）绘制的青少年杂志封面（1937 年 3 月 7 日第 10 期）。

现实中的火箭

弗里茨·朗在 1929 年推出默片《月球上的女人》，片中使用的探月技术算得上相当超前了：要知道，苏联人直到 1957 年 10 月才把第一枚卫星送上太空，尤里·加加林在 1961 年 4 月才完成首次载人航天任务，而要看阿姆斯特朗在月球上迈出第一步也得等到 1969 年 7 月了。但是，正如我们在第一章中所谈到的，先驱们其实早就已经道明了火箭的飞行原理。为了让《月球上的女人》在科学层面能禁得起推敲，弗里茨·朗邀请了赫尔曼·奥伯特担任本片技术顾问。电影里的飞船“Friede”[①]的原型就是奥伯特在《通向航天之路》（*Wege zur Raumschiffahrt*，1929 年出版）中构想的“E 型”火箭。片中火箭起飞的场景设计得十分前卫，看起来和现在的发射场景没什么两样。朗本人别出心裁地安排了倒计时环节：“拍摄火箭起飞这一幕时，我在想，如果我数 1，2，3，4，10，50，100，观众肯定一头雾水，还是不知道什么时候火箭才发射；但是如果我倒着数 10，9，8，7，6，5，4，3，2，1，那观众马上就懂了。”朗创造的发射倒计时让火箭发射的简单场景变得极具戏剧性，后世的航天机构都沿用了这个办法。

除了首次让液体燃料驱动、两级火箭和失重现象登上荧幕，《月球上的女人》中展现的登月轨迹也十分写实。电影的技术含量如此之高，以至于那些在冯·布劳恩手下开展军用火箭研究的纳粹科学家们都觉得他们的最终成果应该就是片子里的那样。于是，为了保守研究机密，希特勒下令销毁了电影中使用的道具模型并禁止放映这部电影。

① “和平”之意。——译者注

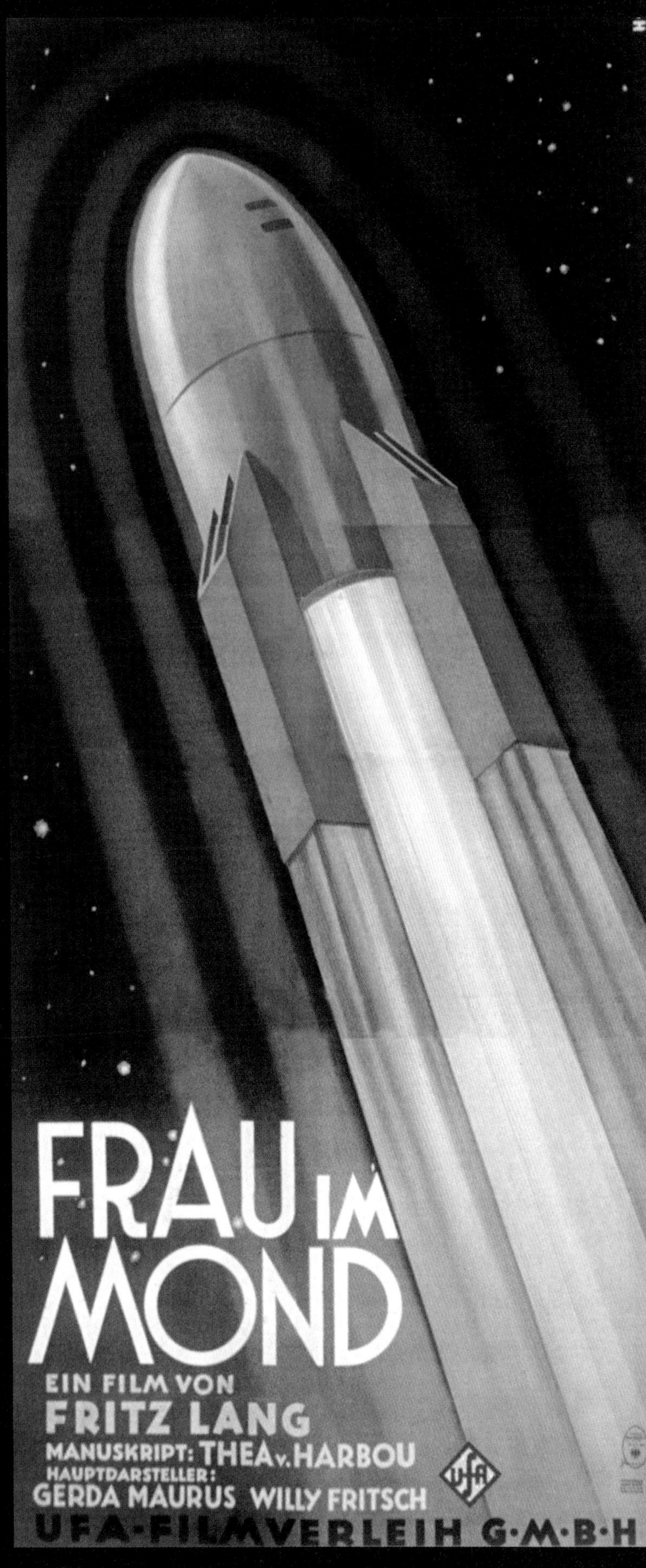

弗里茨·朗1929年根据特娅·冯·哈堡同名小说拍摄的《月球上的女人》的海报，海报由库尔特·德根（Kurt Degen）绘制。画面上的火箭复刻了本片技术顾问奥伯特设计的“E型”火箭。

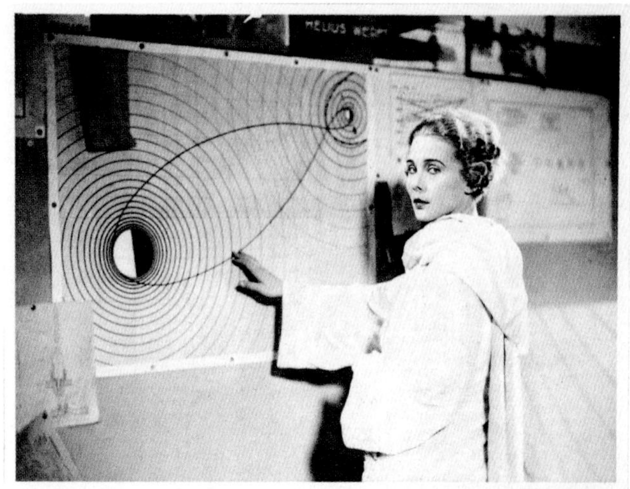

▲ 上图是弗里茨·朗 1929 年拍摄的德国电影《月球上的女人》中的场景。图中展示了“数字 8”形状的轨迹，“阿波罗计划”也将采用这一飞行路径；下图则展示了“E 型”火箭的模型。

朗的电影推出二十一年后，《登陆月球》(*Destination Moon*，欧文·皮切尔执导，1950）登上美国大银幕。这部作品算是我们现在所说的“硬科幻”了，这并不令人惊讶，毕竟三位剧本作者之一是罗伯特·海因莱因（Robert A. Heinlein）。海因莱因一直相信，在科幻作品熏陶下，美国青少年能以理性的态度面临今后的挑战，因此他积极投身于青少年小说创作。他的首部作品《伽利略号火箭飞船》（*Rocket Ship Galileo*）为日后的《登陆月球》提供了剧本雏形。

《登陆月球》拍得很写实且富有教益：电影中还插入了动画片段，当年最著名的卡通角色——啄木鸟伍迪在动画中向孩子们（未来的投资者们）讲解了反作用力火箭运作原理和探月流程。影片中的月球火箭只有一级，使用“核反应堆”驱动。在那时，使用核能推动火箭是个时髦概念。1952 年，美国开启了“核热火箭发动机计划”（NERVA，Nuclear Engine for Rocket Vehicle Application）。他们设计的这款火箭发动机中有一个小核反应堆，流动在内部的氢气被加热到超 3000 摄氏度后，将通过喷管以超高速排出。实验结果振奋人心：核热火箭发动机的功率比最好的化学火箭发动机的功率还要大两倍，但是研发计划在

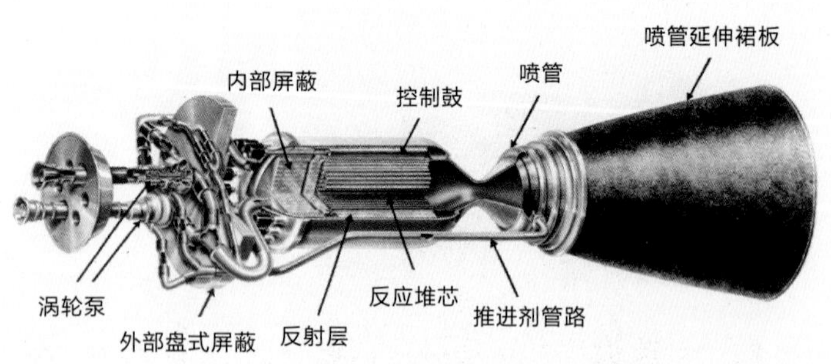

► 1970 年，美国核热火箭发动机（NERVA）设计图。

May

BROADCAST
WRNY
STATION

25 Cents
IN CANADA THIRTY CENTS

AMAZING STORIES

Stories by
Jules Verne
Stanton A. Coblentz
Clare Winger Harris

Paul

1972 年还是中止了，因为当时“阿波罗计划”已经接近尾声，美国宇航局正在削减这方面研发预算。在电影中，火箭没有用氢气作为推进气体，而是选择了加热到极高温度的水。

毫无疑问，《登陆月球》是科幻影史上的一座丰碑。它做到了技术层面的高度写实，完美还原了月球火箭的发射场景。美国观众们为之倾倒，这也解释了为什么之后民众们愿意为耗资巨大的“阿波罗计划”慷慨解囊。

月球探险

在 1952 年和 1954 年，埃尔热（Hergé, 1907—1983）集当时已有的太空想象之大成，创作了《丁丁历险记：奔向月球》以及《丁丁历险记：月球探险》两册漫画。埃尔热能创作出如此高水平的作品，很大程度上是因为他与自己的科学家好友贝尔纳·厄韦尔曼斯（Bernard Heuvelmans, 1916—2001）进行了热烈讨论并认真阅读了亚历山大·阿纳诺夫（Alexandre Ananoff, 1910—1992）1950 年出版的《航天学》一书。在埃尔热的漫画中，向日葵教授[1]设计了一款登月火箭，它和冯·布劳恩为希特勒打造的V2火箭别提有多像了。德军溃败后，美国开展了“回形针计划”，冯·布劳恩被俘后加入美方，并在此后与自己的团队驻扎在阿拉巴马州的亨茨维尔，着手为美国陆军制造弹道导弹。“土星 5 号”是美国“阿波罗计划”实施的关键，更是美国太空霸权的标志，而冯·布劳恩正是“土星 5 号”研发计划中的灵魂人物。

从技术方面来讲，埃尔热似乎也受到了《登陆月球》的启发。在漫画中，向日葵教授的火箭正是被“核发动机”所驱动。由于火箭发动机运转时会产生高温，教授还为此研发了一种极耐高温的材料“卡立龙”。埃尔热笔下的这枚单级火箭离开地球，奔向月亮，然后完完整整地返回地球，就像 SpaceX 的“猎鹰 9 号”

① 《丁丁历险记》人物之一，法语名“Tournesol”意为“向日葵”，也译为卡尔库鲁斯教授。——译者注

▶ 1963 年 11 月 16 日，在卡纳维拉尔角，冯·布劳恩向时任总统约翰·肯尼迪讲解“土星 5 号”火箭的运作。美国宇航局副局长罗伯特·西曼斯（Robert Seamans）就在他身后。

◀ 美国杂志 1929 年 5 月第 4 卷第 2 期《惊奇故事》（*Amazing Stories*）的封面。弗兰克·保罗为这期杂志刊出的罗杰斯·乌尔里希（J. Rogers Ullrich）的短篇小说《月球漫步者》绘制了本图。

火箭助推器那样。埃尔热在火箭加速产生的效果方面懂得比儒勒·凡尔纳要多些。在漫画里，他描绘了火箭起飞剧烈加速过程中乘客感到极其不适的场景（《月球上的女人》和《登陆月球》对此也有所展示）。而当杜邦兄弟之一不小心关停了核发动机后，向日葵教授借此机会对产生的失重状态做了一番精彩的物理学知识讲解："倒霉玩意儿，瞧瞧你干的好事。你把发动机关闭了，本来它产生的持续加速会让火箭内部产生人工重力来着。"埃尔热还出色地描绘出了反重力效果对乘客们和阿道克船长的威士忌酒产生的影响。我们不得不说，漫画里的剧情、场景布置和火箭登月前的转向操作都让我们看到了《月球上的女人》和《登陆月球》的影子。和创作其他作品时一样，埃尔热的考据工作这次依然做得很扎实，他流畅美妙的笔触也为漫画增添了动人光彩。

现在进展如何?

自 1972 年"阿波罗计划"结束之后，月球似乎又变成了以前那个（几乎）无法达到的秘境。冷战时期，由于月球探索任务的政治色彩强于科学色彩，因此拿到巨额经费也相对比较容易。然而，1972 年以后，一切已不复往昔，月球探索发烧友们的目光都转向了私人公司，希望由他们带人类重新登上我们的卫星。

在美国国内，两种意见针锋相对：一部分人认为应由私人公司承包火箭和飞船建造工程，美国政府提供资助，而美国宇航局则负责监工；另一部分人则对富有活力的航天领域初创私企充满信心，认为应由它们负责研发下一代飞入环地球轨道、去往国际空间站甚至登上月球的载人飞船。

中国也展露了自己的太空（尤其是登月）雄心。2018 年，中国国家航天局开展了"嫦娥 4 号"任务，人类的月球探测器首度降落月球背面。想要完美执行这个任务，那就首先需要向地月系统拉格朗日 L2 点处发射一枚中继通信卫星，因为月球会阻碍"嫦娥 4 号"与地球的通信。2020 年年末，"嫦娥 5 号"成功带回地球 1731 克月球土壤样本——上次采样已经要追溯到 1976 年苏联的"月球 24 号"探测器了。月球土壤成分的研究成果可能带来经济效益。"阿波罗号"带回的样本已经证明月球土壤中含有氦 -3 成分。这种氦的同位素能在未来充当受控核聚变核电站的燃料，从而规避目前核裂变核电站的种种短板并生产出更充沛的电力。当然，要原地开采氦 -3 并将其成功运回地球，这还要求人类必须拥有强大的运输能力。在电影《月球》（*Moon*，邓肯·琼斯执导，2009）中出现了一个"月能公司"，它在月球上建立了长期基地以开采氦 -3。不知道中国是否将一马当先建成首个类似的机构呢？我们拭目以待！

◀ 空客零重力飞机"ZERO-G"上的乘客们处于失重状态。

▲ “啊！要是拉斐尔看见我们现在这个样子……”，埃米尔·巴亚尔（Émile Bayard）为儒勒·凡尔纳《环绕月球》（1865）所绘插图，摘自赫策尔（J. Hetzel）1872年于巴黎发行的版本。

儒勒·凡尔纳与失重

在凡尔纳的小说《从地球到月球》中，身处飞向月球的炮弹中的主人公们仍受到重力影响。但事实上，猛烈的初始加速阶段结束后，乘客应该全程处于失重状态。他们当时应该和Novespace公司研发的空客“ZERO-G”飞机里乘客所处的状态一模一样。“ZERO-G”飞机由普通飞机改装而成，主要用于进行科学实验。它的飞行轨迹呈数段抛物线状，在每段抛物线轨迹上，飞机都会在约20秒内呈自由落体状态，乘客此时则在机舱内自由飘浮。这和爱因斯坦在1907年提出的一个理想实验中所描述的情境不谋而合。当时的他正在研究引力问题，并由此邂逅了自己“一生中最幸福的思想”——“引力只是一种相对的存在……，对于一个自由落体中的观察者而言……不存在引力场。”

爱因斯坦的结论建立在这样的事实之上（经过了严密的实验论证）：在引力场内的所有物体，无论其质量和组成有怎样的差异，都以同一种方式坠落。地球轨道上的情况和空客“ZERO-G”飞机里的情况一样：宇航员们处于自由落体状态，而且是一直处于这个状态。凡尔纳炮弹中的乘客们按理说也应该处于失重状态。因为一旦离开炮膛，他们乘坐的炮弹只受到地球重力影响，会做自由落体运动。

但在凡尔纳的小说中，乘客们唯一处于失重状态的时刻是在地球和月球引力相抵消的时刻。根本不是那回事！实际上他们应全程都处于失重之中。不过，凡尔纳提到的这个平衡点确实很重要，毕竟它代表着乘客摆脱地球引力控制、进入月球引力范围的时刻。

阿波罗计划

“地球唯一的自然行星——月球，自古以来就是让艺术家、思想家、诗人和科学家们心驰神往的仙境，同时也是他们的灵感源泉。在整个20世纪中，有十二个人曾经踏上月亮（虽然登月的初衷不太好），这也使它成为唯一被人类涉足过的地外天体。几十年后，我们终于准备好重返月球了。时代已经改变，现在的大背景是国际合作而非争端。”

最壮丽的人类史诗

虽然科幻作品早就在月球探索上做了许多文章了，但登月漫步的夙愿能够成真，最后实际靠的还是科学和工程学的力量以及数千人的才智和努力。人类实现这一梦想的速度非同寻常地快。1969年，仅在首个人类（尤里·加加林，1961）进入太空8年之后，尼尔·阿姆斯特朗（Neil Armstrong）和巴兹·奥尔德林（Buzz Aldrin）就在月球土壤上首次留下了人类的印记。“这是我走的一小步，却是人类的一次巨大飞跃”[①]，阿姆斯特朗走下登月舱最后一级舷梯后（比原本估计的距离要高一些）这样说。他这句话说得不太准确：在月球表面行进，跳跃其实比走路来得更快些。一个刚离开摇篮的物种正尝试着迈出他的第一步——数次登月任务中，宇航员们那笨拙的动作（甚至摔倒），其实都象征着人类正处于这一历史阶段。“阿波罗”系列任务中最具代表性的当然是“阿波罗11号”任务，由尼尔·阿姆斯特朗、巴兹·奥尔德林和迈克尔·柯林斯（Michael Collins）负责执行。此次任务的成功回应了约翰·肯尼迪总统在20世纪60年代初许下的期许：总统希

► “阿波罗11号”任务中，宇航员在月壤上留下的脚印。1969年7月20日，宇航员出舱时于月球静海拍摄的照片。

① 也译为“这是我个人的一小步，却是人类的一大步”。——译者注

USA
USA

望“在 60 年代结束之前”，美国会成为首个让两名宇航员在月球上着陆并安全返回的国家。这也是冷战中的美苏双方的一次重要角力。

当时，眼看着头号敌人苏联一路高奏凯歌，被激怒的美国决心打赢这场太空大战。苏联在前几场对决中已经遥遥领先，在载人航天和探月方面都取得了累累硕果：苏联科学家和工程师们筚路蓝缕，是他们把第一个人类送进太空；第一位女航天员也来自苏联；苏联人完成了首次出舱行走，发射了首颗经过月球的探测器和首颗到达月球表面的探测器（实际上是撞毁在了月球表面，在宣传时对用语进行了美化，但无论如何也算是达成了任务目的）；最后，拍摄了首批月球背面照片的还是苏联人。

美国决定逆转局面。1968 年 12 月的“阿波罗 8 号”任务就是美国打的一个漂亮的翻身仗。虽然大众普遍对这次任务知之甚少，然而事实上，“阿波罗 8 号”和在它几个月后发射的“阿波罗 11 号”在航天史上有着同等重要的地位。将宇航员首次带上环月轨道的“阿波罗 8 号”无疑是那个时代最具标志性的产物，也是当时那股驱使美国投入到激烈太空博弈中的强烈危机感的具体体现。

“阿波罗 8 号”：环绕月球的人们

在聊起这事之前，我们需要回顾一下当时的地缘政治局势：那时已是 1968 年，在 60 年代结束前登上月球的诺言似乎很难兑现了。

1968 年对于美国来讲是创巨痛深的一年：马丁 · 路德 · 金在那年遭到暗杀，这一事件在美国国内引发了一系列骚乱；罗伯特 · 肯尼迪（约翰 · 肯尼迪的兄弟）在民主党党内初选中获胜的当晚也遭到刺杀；越南战争是当时整个美国关注的焦点，然而年初，敌方的攻势让美国人丧失了赢得战争的希望，整个国家萎靡不振。而美国最大的敌人——苏联刚刚完成了一大壮举，他们的“探测器 5 号”带着乌龟、蠕虫和苍蝇绕月成

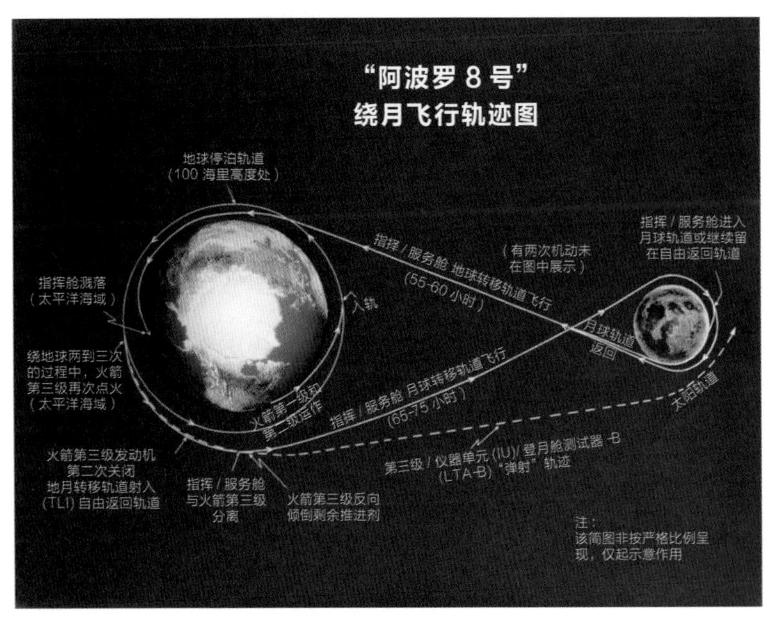

▶ 1968 年，“阿波罗 8 号”月球轨道飞行轨迹图。我们能清楚地看到电影《月球上的女人》（也译：《月中女》等）中呈现的那个 8 字形。飞船绕月是为了帮将来的“阿波罗”任务选定着陆点。

◀ 负责运载“阿波罗 11 号”的“土星 5 号”火箭于 1969 年 5 月 20 日抵达佛罗里达州的肯尼迪航天中心。

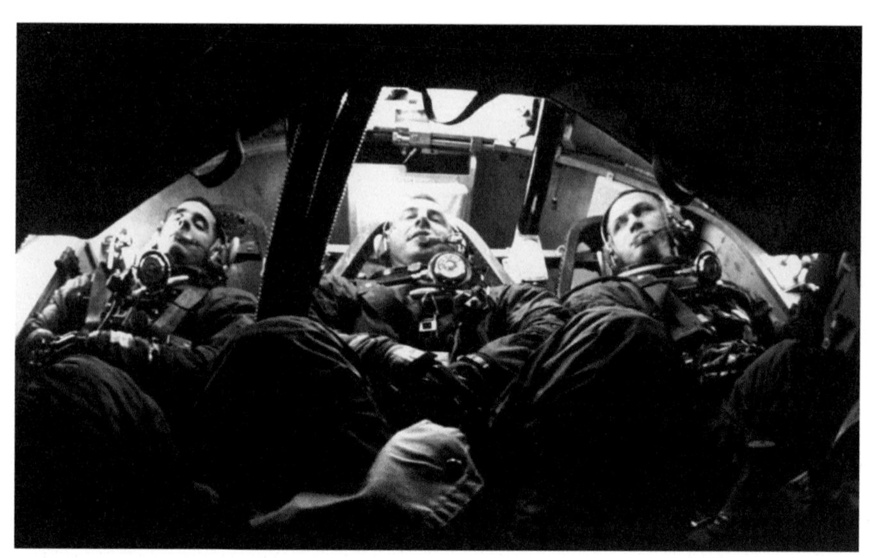

▶ 地球的升起，1968 年 12 月 24 日从“阿波罗 8 号”上拍摄。

◀ “阿波罗 8 号”机组成员威廉・安德斯（William Anders）、吉姆・洛弗尔（James Lovell）、弗兰克・博尔曼（Frank Borman）坐在美国宇航局所属回收船上的仿太空舱中，正在进行逃生疏散演练。拉尔夫・莫尔斯摄于 1968 年。

功并顺利返回地面。

在美国人眼中，这是苏联为即将进行的载人发射任务举行的彩排，他们成功了，这就标志着苏联人在太空竞赛中即将又下一城，收获又一个至关重要的“首次”。绝对不行！美国加快了进度，他们实在不愿意再受一次侮辱了，哪怕这要冒着打乱整个计划的风险……于是，美国首次载人探月任务就这样被提前了。

这样做的风险是很大的。更糟糕的是，在二次试飞中，“土星 5 号”出现了大量技术故障。可这是美国当时唯一有希望完成奔月任务的火箭了。于是美国决定……在正式发射前一口气解决所有可能遇到的问题。他们没有再进行试飞，也不清楚他们给出的解决方案在实际飞行中的效果是不是和理论上的一样。这还不是全部：此前的“阿波罗 7 号”任务简直糟透了，宇航员与地面团队间的相处堪称一场社交灾难，双方发生争执的次数多到数不清。但是，既然飞行中没出什么技术故障，加之时间实在紧迫，所以这种小问题都可以忽略不计。任务的重新规划也是让人头疼的一件事：本来制定的系列发射计划已经被扰乱，机组人员要按照新任务要求洗牌重选，其中一位宇航员（迈克尔・柯林斯）由于颈椎间盘突出不得不被更换。

“地球的升起”

1968 年 12 月 24 日，威廉・安德斯从环月轨道上拍摄了这张照片。50 年后，他写道：“我们想着去探索月球，到达那里后，我们却得以重新发现了地球。”在他的照片里，我们的蓝色星球被广袤宇宙所吞没。只需看上这张标志性的照片一眼，我们立刻就能感受到：这片绿洲是如此稀有（虽然它可能不是唯一的）且珍贵。

LIFE
SPECIAL EDITION
TO THE MOON AND BACK
E. ALDRIN
$1.50
®

最后不能不提的是[1]，登月舱压根没准备好。想要知道人类是否真能登上月球，那就需要对尽可能多的飞船组件进行实地测试，因此，登月舱是这趟旅行必不可少的一部分。美国人最后不得不在登月舱部位放了个一样重的模型。还有一点，也是现在看来简直不可思议的一点，那就是三位宇航员之一的威廉·安德斯，他的航天任务经验为零。但是，这些都不重要！现在冷战如火如荼，美国的目标是不惜一切代价痛击苏联以向国民证明：就算发生了一系列的暗杀和骚乱，经历了越南战争的溃败，美国仍然是世界第一。

1968 年 12 月 21 日，“阿波罗 8 号”升空，当时的安全状况远谈不上理想，但是任务进展奇迹般地顺利，飞船成功飞往月球。其实，用“人类的一次巨大飞跃”来形容“阿波罗 8 号”比形容“阿波罗 11 号”更贴切，因为人类首次离开了地球引力场，在太阳引力范围中走了一小段路并在最后进入了月球引力范围。我们头一回亲眼看见月球的背面和自己母星的完整模样。

“阿波罗 8 号”任务中，宇航员们既飞上环月轨道目击了月球暗面，还在一定距离之外欣赏了地球全貌。这次成功的确意义非凡，但我们离在月球上迈出第一步还有很长的路要走。

① 用法语写作本书的作者在这里特别使用了一个英语表达“Last but not the least”，意为“最后，不能不提/最后，但非最不重要的”。——译者注。

◀ 1969 年 8 月 11 日美国《生活》杂志特别刊号《月球往返》的封面。在“阿波罗 11 号”任务中，身着航天服的巴兹·奥尔德林在月球上留影。从他的头盔倒影里，我们可以看到他的摄影师阿姆斯特朗和“鹰号”登月舱。

从数次演练到历史性任务

1969 年 3 月，“阿波罗 9 号”发射，但它最后只在环地轨道上待了十天。此次任务实际上是“阿波罗 10 号”任务开展前的一次预演，内容是确认指挥舱和登月舱（终于准备好了！）是否运作良好，试验对接并测试一系列技术、工程和导航系统。“阿波罗 9 号”最后不负众望，完美收官，为后面的任务开了个好头。“阿波罗 9 号”任务中的三名宇航员回到了地球，人类从未感到过离月球如此之近。是时候去月球了！

这正是宇航员们在“阿波罗 10 号”任务（1969 年 5 月）中要做的。这次实地演练是在为“阿波罗 11 号”任务做铺垫。两名宇航员将进入登月舱，留下一名宇航员驻守在位于环月轨道的指挥舱中。负责这个棘手任务的两人分别是尤金·塞尔南（Eugene Cernan）和汤姆·斯塔福德，他们需要和登月舱一起下落到

地缘政治层面的胜利

踏上月球之时，尼尔·阿姆斯特朗表示这是“人类的一次巨大飞跃”（人类的一大步）。“阿波罗号”登月舱下降级（现在还在月球上）上固定着一块纪念牌，阿姆斯特朗在之后念出了上面所写的内容——“我们为全人类的和平而来”。“阿波罗 11 号”登月任务在全球范围内进行了电视直播，宇航员提到的“和平”和“人类”字眼让这次宣传活动收效甚佳。在美苏的地缘政治博弈之中，落后数局的美国终于取得了一次压倒性胜利。那面被宇航员艰难地插在月球表面的美国旗帜就是这次胜利的象征。

◄ “大黄蜂号”航空母舰将溅落在太平洋海域的宇航员们捞起，舰上有可移动的隔离舱。本照片摄于1969年7月24日，图中为欢欣鼓舞的“阿波罗11号”机组成员与美国总统（从左到右依次：尼尔·阿姆斯特朗、迈克尔·科林斯、巴兹·奥尔德林和理查德·尼克松）。

► 宇航员巴兹·奥尔德林，“阿波罗11号”登月舱的驾驶员。在出舱活动中，奥尔德林于插在月球上的美国国旗边上留影。照片由指令长阿姆斯特朗拍摄于1969年7月20日。

距月球表面约15千米处，然后重新上升，与指挥舱对接，最后和独自留在舱内的同伴约翰·杨（John Young）会合。

除了在上升过程中经历了惊魂一刻——登月舱险些失控——之外，整个任务顺风顺水。再也没有什么能阻拦“阿波罗11号”了，毕竟它的任务内容和“阿波罗10号”几乎一样。区别仅是，在1969年7月的“阿波罗11号”任务里，登月舱下降到了15千米以下并顺利降落在了静海之中。7月21日，尼尔·阿姆斯特朗和巴兹·奥尔德林同时抵达月球。他们在舱内等了6个多小时才出舱开始对这片奥尔德林口中“壮丽的荒凉”进行首次探索。

出舱活动持续了2小时30分钟，除了进行一些带有象征意义的活动（插国旗，与尼克松总统通电话，念出纪念牌上文字等）之外，宇航员们还做了科学实验。阿姆斯特朗和奥尔德林安放了一台地震仪和一个激光测距反射器，布置了太阳风收集器，采集了月壤样本并记录了月球的地质环境。当然，他们还拍了大量照片。在登月舱里睡了一“夜”后，两位宇航员离开月球，去和位于绕月轨道上的迈克尔·科林斯相会然后一同开始返程。他们最终平安降落在太平洋上，并在随后度过了两周的隔离检疫生活——虽然从月球上带回致病菌的可能性微乎其微，但当时我们尚无法确认这一点，所以必须谨慎行事。尼尔·阿姆斯特朗、巴兹·奥尔德林和迈克尔·科林斯进行了全球巡回之旅，接受了来自全世界人民的欢呼。月亮不再遥不可及，已经有两个人类在数亿人的见证下登上了月球，人类从此迈入了一个崭新的时代。

“阿波罗12号”和“阿波罗13号”任务

“阿波罗11号”的夺目光辉让接下来几次任务变得很

1969年11月20日，宇航员皮特·康拉德带回了“勘测者3号”的摄像机以便地面人员进行分析。1967年4月19日，这台月球无人探测器抵达月球。在照片最远处，我们能看见位于风暴海中的“阿波罗12号”的登月舱，它距离探测器164米远。

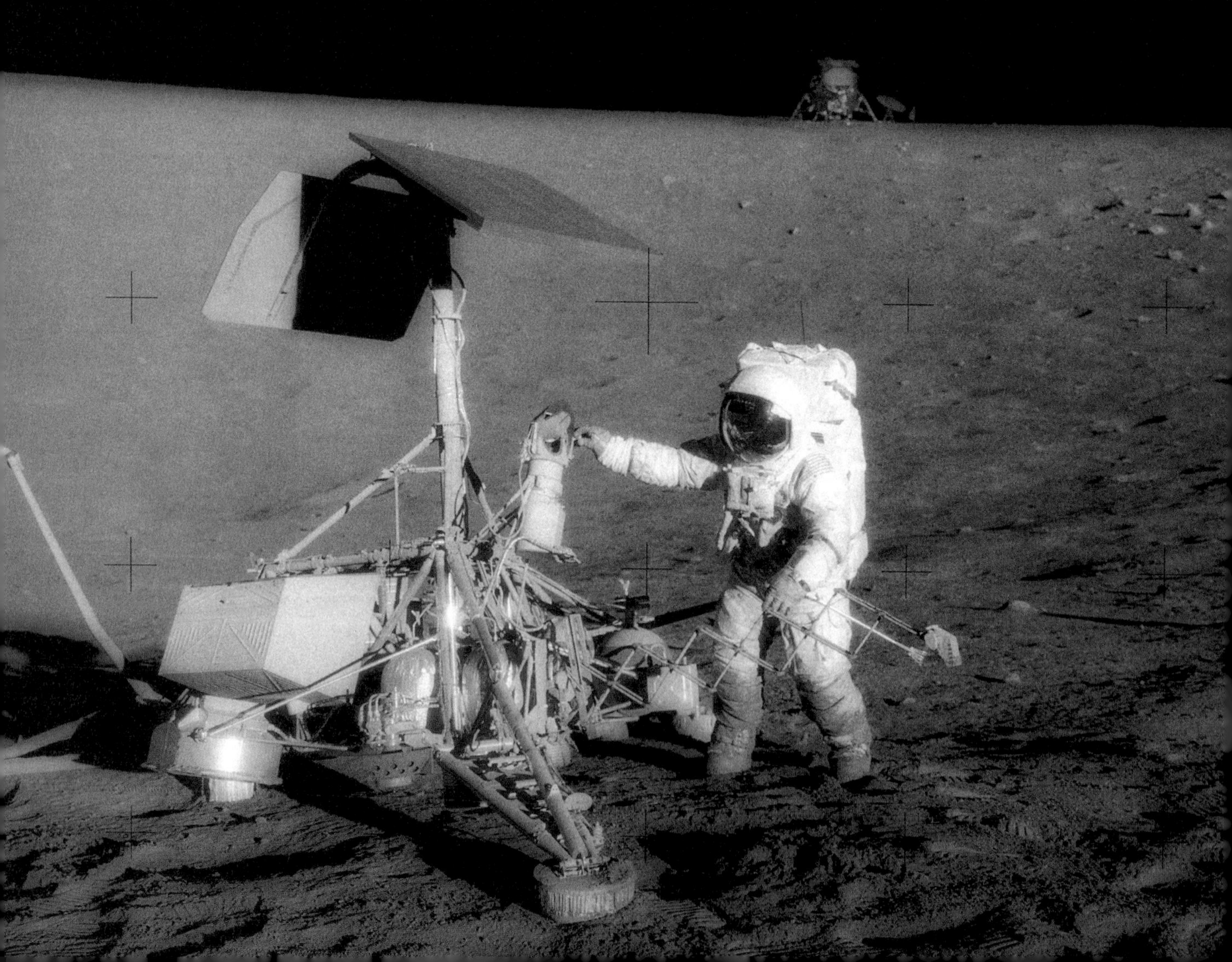

不起眼。四个月后进行的下一次任务——“阿波罗 12 号”没能像“阿波罗 11 号”那样全球直播，因为宇航员在抵达月球后无意间把摄像机镜头直直对准了太阳，导致机器彻底损坏。皮特·康拉德（Pete Conrad）和艾伦·比恩（Alan Bean）两度出舱探月，但地球人民没能有幸看到。这无疑是个巨大的遗憾：两位宇航员和先前抵达月球的机器人完成了会师，这可是史无前例的！这回，两名宇航员不仅要安装探测仪器、进行比上次更精细的科学实验，还需要找到已经在月球陨石坑里度过了两年半的“勘测者 3 号”。他们将取回它的一些元件，以供科学家们研究长期暴露在月球环境中会对设备造成哪些影响。

如果登月舱没能极其精准地降落（这归功于皮特·康拉德），完成会师根本不可能。阿姆斯特朗之前落在了距目标点 6 千米处；而康拉德这次却成功让登月舱降落在距目标“勘测者 3 号”所在地仅 164 米远处。而且，康拉德是在燃料还有 22 秒就耗尽的情况下完成这一壮举的，实在是了不起！

可惜的是，之后的弗莱德·海斯（Fred Haise）没机会打破前辈们的纪录了。1970 年 4 月 14 日，就在飞往月球的半道上，一个服务舱的储氧箱爆炸了，这位“阿波罗 13 号”登月舱驾驶员只能眼睁睁看着此次任务泡汤。三名宇航员评估了事故的严重性，得出了那句有名的结论——“休斯敦，我们有麻烦了”。在五次“阿波罗”任务（8 号、9 号、10 号、11 号、12 号）均堪称完美的情况下，“阿波罗 13 号”这次突发事故让所有计划制定人员、计划实施人员、保障人员……以及亲身上太空的机组人员猛地想起来：进入太空后所要面临的环境可是极端恶劣的。探索宇宙必然有风险，想想从人类开始征服太空之旅至今，已经有多少火箭和卫星陨落消逝。美国宇航局还是第一次在正式飞行任务中遭遇如此严峻的挑战，“阿波罗 1 号”的惨剧仍历历在目。

当时，吉姆·洛弗尔、杰克·斯威格特（Jack Swigert）和弗莱德·海斯不得不把登月舱当作救生舱用。但登月舱仅可容纳两人，五花八门的问题接踵而至，一步走错就将是全员丧命。地面上，几十个人日夜不停地寻求解决方案、做出各种决策。飞行前做的所有模拟演练都没考虑到这种状况，很多问题都在人们预测之外。现在这些问题积少成多，已经危及三人性命。

还在半路的他们应该立刻掉头还是继续前进？他们最后决定维持原来的航线，绕月一圈之后再返回地球。三名宇航员如何才能在已经损失不少氧气和饮用水的情况下生存下来？怎么消除空气中累积的二氧化碳？再不解决这个问题，三人可能有性命之虞。在能源极

“阿波罗 1 号”与“阿波罗 13 号”，何其相似

1967 年 1 月 27 日，在发射演练时，一截裸露电线导致短路，产生的电火花点燃了舱内的某种材料，位于火箭顶部的“阿波罗 1 号”指挥舱由此燃起大火，三名宇航员——维吉尔·格里森姆（Virgil Grissom）、爱德华·怀特（Edward White）和罗杰·查菲（Roger Chaffee）在几秒钟之内全部遇难。这次事件给美国宇航局带来了很大的打击。宇航局对飞船进行了彻底的调整。当“阿波罗 13 号”人员报告“我们有麻烦了”的时候，没人知道，其实这次问题也出在一截裸露的电线上。电线短路，储氧箱内部的某种材料被引燃。燃烧产生的高温造成气压上升，最终使得储氧箱爆炸。

其有限的情况下，应该选择保留飞船哪几项功能？他们到底该在哪里降落？被用作救生舱的登月舱最后将重返地球，但是它还带着一个本来应该留在月球上的核电池，这该怎么办？

朗·霍华德（Ron Howard）执导的电影《阿波罗 13 号》（1995）相当忠实地还原了这一事件，飞船中的场景是在零重力飞机中拍摄的，也就是说，演员们真的处于失重状态。在原版电影中，宇航员与休斯敦太空中心团队的大部分语音通话使用的都是真实录音。

幸运的是，“阿波罗 13 号”的三名宇航员——吉姆·洛威尔、杰克·斯威格特和弗莱德·海斯最后都平安归来了。他们在极其紧急的情况下成功应对了各色挑战，美国宇航局为此感到庆幸。然而，三名宇航员的确险些丧命。阴影挥之不去，“阿波罗 13 号”任务影响到了之后的探月计划。

“阿波罗 14 号”任务

调查确认了引起储氧箱爆裂的原因后，为了提高后续任务的安全系数，宇航局对飞船进行了整改，“阿波罗 14 号”任务也因此被推迟了。如果执行这次“阿

▼ 1970 年 4 月 17 日，“阿波罗 13 号”的三名机组成员离开溅落在南太平洋的飞船。我们能看到指挥舱驾驶员杰克·斯威格特（背影）、位于中间的登月舱驾驶员弗莱德·海斯以及尚在飞船中的指令长吉姆·洛威尔。

波罗 14 号”任务的艾伦·谢泼德（Alan Shepard）、埃德加·米切尔（Edgar Mitchell）和斯图尔特·罗萨（Stuart Roosa）失败了，那他们之后的任务就将和几个月前已经宣布不再进行的“阿波罗 20 号”任务一样，直接胎死腹中。所有后续计划都会被干脆地取消，也就是说，有着辉煌开端的“阿波罗”系列任务将彻底走向终结。

1971 年 1 月末，“土星 5 号”载着“阿波罗 14 号”起飞。飞船上坐着不久前刚目睹了同事从灾难中奇迹生还的三名宇航员。“阿波罗 14 号”任务不允许出任何差错。但是实际上，飞行过程中还是问题不断：任务刚开始，大家就发现难以将指挥舱与登月舱对接。如果不带上登月舱，那登月根本是痴人说梦。第六次对接尝试，也是最后一次机会，终于成功了（这成功来得可真晚）。

▲ 1971 年 2 月 5 日到 6 日期间拍摄的照片，“阿波罗 14 号”任务宇航员拍摄的锤子和样品储存袋，对比之下可以看出月面岩石的大小。

到达环月球轨道后，谢泼德和米切尔将罗萨留下然后直奔目的地：弗拉·毛罗高地，“阿波罗 13 号”机组成员本应该抵达此处。但是就在去往月球表面的途中，休斯敦航天中心告知宇航员们：他们那端看见登月舱上“登月任务中止”的指示灯亮了，但事实并非如此。是误触？还是真出了问题？大家决定修改舱内计算机程序，所幸错误终于消失了。宇航员们松了一口气。但是好景不长，接下来雷达又出了岔子，在没有帮助他们识别地质构造规模以及他们与其距离的雷达和参照物的情况下，宇航员们怎么才能知道自己目前所处的高度呢？就算成功已经近在咫尺，他们也必须随时做好放弃任务的准备。地面中心给出了一个解决方案（现在仍然很有名），那就是关闭雷达然后重启。这招奏效了。尽管面临着巨大压力，而且之后还遇到了一个更大的问题——预先选择着陆点时看重的是其在科研方面的探索价值，没有考虑其是否方便任务开展，驾驶员米切尔最后仍成功让登月舱降落在据目标点 50 多米处。这次降落堪称迄今为止最精确的一次。

谢泼德和米切尔之所以不能犯错，还有另外的原因：“阿波罗 14 号”的机组成员是所有任务组中最缺乏经验的一组（这是罗萨和米切尔的首飞；谢泼德确实是第一个进入太空的美国人，但他只在亚轨道上飞了 15 分钟）。不仅如此，在地球上时，谢泼德还对地质学

▲ “阿波罗 15 号”任务登月舱驾驶员詹姆斯·艾尔文在 1971 年 8 月 1 日拍摄的两张照片合成的月球景象图。照片左边离我们最近的地方，能看到阿波罗月球表面实验数据包中心控制站。指令长大卫·斯科特正在钻孔，为放置温度探测器做准备。

培训课程表现得毫无兴趣，可是这次要开展的科研任务将比前几次更深入、更难。登月的两人不仅要证明自己是合格的宇航员，还要证明他们能胜任科学探测任务。两人全神贯注，严阵以待。遗憾的是，虽然两位宇航员已经竭尽全力了，但任务还是因为他们的地质学知识储备不足而失利。宇航员无法对月面构造的规模和他们与之相隔的距离做出准确估计，这让两次出舱任务显得更加困难。

“阿波罗 14 号”任务完成得不算很好，宇航员和科研人员都负有责任。首先，宇航员们不重视科研培训，而且在任务过程中有时表现得过于随意（比如，在月球上打高尔夫、用器材掷标枪，甚至还在回程中搞了一次“心灵感应”实验，这让地面工作人员感到不太愉快）。而地面的科研人员们则是完全没有意识到他们选定的目标区域考察起来有多困难。弗拉·毛罗高地上没有一块平地。小丘和坑洼让宇航员们一路走得十分艰难，他们根本看不到大型地质构造，因而也无法进行定位。总之，我们能从这次任务中得到很多教训。

“阿波罗 15 号”任务

1970 年，“阿波罗 18 号”和“阿波罗 19 号”任务由于宇航局经费紧张而被取消。1971 年 7 月末起飞的“阿波罗 15 号”标志着人类探索史上的又一次飞跃。“阿波罗 15 号”任务中，宇航员们在月球上待的时间更长，收集到了更多的样本。人类还首次将一辆月球车带到这里。借助月球车，宇航员们能够更轻松地在月面上移动更远的距离。

大卫·斯科特(David Scott)和詹姆斯·艾尔文(James Irwin) 有幸看到了极其壮丽的景象，堪称“阿波罗”系列任务之最：他们当时被月球山峰所包围，降落点就在探索目标哈德利月溪附近。

宇航员们进行了三次出舱活动，时长分别为 6 小时 32 分钟、7 小时 12 分钟和 4 小时 50 分钟。他们利用这些时间安装了测量设施，进行了大量实验（钻孔工作费了他们不少事），采集了 77 千克土壤样本，拍摄了照片和影像并成功走到了 28 千米之外。

这次任务应该算是所有任务中成果最丰硕的。月球全景图令人叹为观止；除相机之外，宇航员们还带去了摄影设备，安装在月球车上的摄像机让人们直观地看到了登月舱从月球起飞的场景；他们还做了令人印象深刻的伽利略实验（斯科特让一把锤子和一根羽毛下落，二者在真空环境中同时落地）。不仅如此，宇航员们还将一件艺术品留在了月球表面。让地球科学家们谢天谢地的是，大卫·斯科特和詹姆斯·艾尔文对地质学抱有强烈兴趣，他们收集的土壤样本和数据让科研人员们收获颇丰。宇航员们这次还带回了“阿波罗”系列任务中最引人注目的岩石样本——“起源石”（Genesis Rock），一块已有 40 亿年历史的古老岩石。

“阿波罗 16 号”任务

1972 年 4 月，约翰·杨和查尔斯·杜克（Charles Duke）在“阿波罗 16 号”任务中的首次出舱没能直播：登月舱在月球着陆前出现了些问题，出于尽可能节省能量的目的，直播被取消了。再加上指挥 / 服务舱也

▲ 1971 年 8 月 2 日，“阿波罗 15 号”任务中，指令长大卫·斯科特和登月舱驾驶员詹姆斯·艾尔文在月球哈德利 - 亚平宁区域着陆点放置的纪念牌。

倒下的宇航员

这个高约 9 厘米的铝制小纪念雕像出自比利时艺术家保罗·范霍伊顿克（Paul Van Hoeydonck）之手。雕像被放在了月球表土之上，旁边还有一块纪念牌，上面铭刻着人类开始探索宇宙以来牺牲的 14 位宇航员的名字（并不都是在执行航天任务时去世的，比如，加加林也在这 14 人之列），其中也包括了“阿波罗 1 号”和“联盟 11 号”的机组人员。不过，有三个人的名字缺席了：两名苏联宇航员（苏联的航天任务保密系数太高，美国并不知情）以及第一名黑人宇航员罗伯特·亨利·劳伦斯（Robert Henry Lawrence Jr.，1967 年死于一次训练之中，为什么牌上没有他的名字，目前无人做出解释）。雕像和纪念牌是秘密放置的，直到三位宇航员回程，人们才在一场新闻发布会上得知此事。

哈德利山全景图。由“阿波罗 15 号”第三次月面出舱活动时拍摄的照片组合而成，照片摄于 1971 年 8 月 2 日。

有突发状况，因此任务开展得比预期晚了些，停留在月球的时间也相应缩短了。

在分别长达 7 小时 11 分钟、7 小时 23 分钟和 5 小时 40 分钟的三次出舱活动中，坐着月球车的两个宇航员和他们的前辈们走出了差不多的距离。杨和杜克完成了以下工作：安装了科研设备（包括第一台月球望远镜）；采集了 95.8 千克的土壤样本；按照计划进行了实验并且带回了质量无与伦比的影像资料（照片和视频）。不过，这场任务差一点就滑向悲剧了——就在着陆时，登月舱的一个支脚距某环形山陡峭边缘仅 3 米距离远……

这是首次在月球高地（终于不在月球上的“海”里）上展开的任务，从科学角度来看意义非凡，它让人类对月球的认知上升到了一个新的层面。虽然在探索过程中，宇航员们也遇到了些麻烦（例如，和之前的任务一样，他们摔倒了很多次，腿被线缆绊住，有时想采样却搬不走压在上面的岩石），但是我们能看到，航天员们越来越有经验了，月球环境对探索活动有哪些制约他们心里也越来越有数了。阿姆斯特朗和奥尔德林花两个半小时只捡了几块石头、安装了些器材、插了一面国旗的那个年代已经一去不复返。

“阿波罗 17 号”任务

就算航天员们对地质学的兴趣再高，他们的专业水平也不及地质学家。“阿波罗 17 号”是最后一次“阿波罗”任务，但也实现了一次突破：机组上有一名成员不是职业军人，而是货真价实的科学家——地质学家哈里森·施密特（Harrison Schmitt）。他和尤金·塞尔南在 1972 年 12 月共同探索的区域也位于一片高地之上，任务目标之一是弄清这里曾经发生过的火山活动。他们在这里停留了 3 天，出舱活动了 3 次，时长分别为 7 小时 12 分钟、7 小时 37 分钟和 7 小时 15 分钟。两人驾驶月球车移动的距离超过了 35 千米，他们安装了大量设备并进行了各领域的科学实验（还安装了一个引力波探测器）。挖掘工作也收获颇丰，共采集到了超过 110 千克的样本，地面科学家们如获至宝。人类（尤其是受过专业训练的科学家）的太空实地工作

◄ “阿波罗 17 号”任务中，进行第三次出舱活动的登月舱驾驶员哈里森·施密特正位于陶勒斯－利特罗（Taurus-Littrow）着陆点，指令长尤金·塞尔南摄于 1972 年 12 月 13 日。

▼ “阿波罗 17 号”任务中，进行第三次出舱活动的哈里森·施密特正坐在全地形月球车（LRV）上，指令长尤金·塞尔南摄于 1972 年 12 月 13 日。

“阿波罗 17 号”任务的指令长尤金・塞尔南在首次月面出舱时挥舞美国国旗。哈里森・施密特摄于 1972 年 12 月 12 日。

效率之高、用处之大无须再做证明，机器人的工作根本无法与之相提并论。

离开月球时，宇航员个个兴高采烈，他们都觉得“阿波罗”任务只是人类载人登月探索的序章。“阿波罗”起先的确带有强烈的政治色彩，但慢慢的，科学意味越来越浓厚。宇航员们相信，一个更加宏大的探月计划即将诞生。然而，美国政府最后做出了决定（也受到了民意的影响）：既然太空领域的冷战美国已经打赢了，那就没必要再拨款支持探月计划了。

在登临月球的十二人里，现在只有四个人还在人世，其中就包括了哈里森·施密特。哈里森是最后一个离开月球之人，他在飞离月球前留下了这样一段话：“我是在月球上留下足迹的最后一人，我们要回家一段时间了，但我们相信，这段时间不会太长。我只想说些我认为历史必将铭记的东西，我们从陶勒斯-利特罗离开月球，离开时的我们和来时的我们一样……将来，人类还会带着和平祈愿以及希望再次抵达。”

在史诗般恢宏的“阿波罗计划”期间，人类经历了最遥远的也是最波澜壮阔的历险。1972 年之后，再也无人踏上月球。

月球历险：续写传奇

“阿波罗计划”画上休止符后，航天机构的预算被分给了三家：空间站、飞船（尤其是航天飞机）以及火箭（特别是将取代“土星 5 号”的“太空发射系统”）。21 世纪初，美国宇航局已经拥有了载人探月的丰富经验，世界各航天强国也或多或少具备了在近地轨道上长时间停留的能力。是时候把目光放得更远了，在人类的宇宙探索清单上，下一项赫然写着火星。然而，比起载人登月，把人送上火星需要更大的科技进步作为支撑。人类也要做好更充分的心理准备，以在未来应对更大的挑战。近些年来，各政府机构关于如何实现新的伟大征程已经有了初步想法：人类得先回到月球，在那里测试飞行器以及各类设施、系统和程序，并锻炼宇航员们。

1970 年以来，世界历经巨变，新的强国已经崛起（特别是中国）。近些日子，美国宇航局也有了“分包商”，一些私营航天企业接手了宇航局的部分研发工作。航天领域也将因此进入新纪元。这类企业中最出名的当属 SapceX，它在 2020 年 5 月 30 日首次用自家火箭（“猎鹰 9 号”）和飞船（“龙”飞船）把美国宇航局航天员送入轨道。

未来的返月之行将在两种合作模式下展开：国际合作以及国家和商业航天机构间的合作。和冷战时期相比，当今的国际格局已经大变，但美国还是想当领头羊并宣布了名为“阿尔忒弥斯”（名字来自太阳神阿波罗的妹妹）的新登月计划。尽管官方公布的“阿尔忒弥斯”计划文件洋溢着美式爱国主义色彩，但我们必须承认，以全人类名义进行探索的意愿、推进科学知识发展的激情和对展开火星探测任务的向往的确也在这份计划里得到了充分彰显。

“阿尔忒弥斯计划”的部分内容和“阿波罗计划”相似。2021 年起开始实施的初期任务的目标是测试航天器和设备（预计于 2021 年 11 月进行的“阿尔忒弥斯 1 号”任务将是美国“太空发射系统”和“猎户座”飞船的首秀，后者将在无人驾驶的情况下完成月地往返），锻炼宇航员（计划于 2023 年执行的“阿尔忒弥斯 2 号”任

“猎户座号”：服务舱来自欧洲

未来的登月飞船被命名为“猎户座号”。和“阿波罗”系列飞船一样，它由一个指挥舱（宇航员们待的地方）和一个服务舱（推进系统、燃料、太阳能板、食品、水和氧气所在处）构成。指挥舱由美国负责建造（洛克希德·马丁公司），而服务舱则出自欧洲（空客公司）。欧洲为“阿尔忒弥斯计划”做出了贡献，这也保证了在未来的探月任务中，欧洲宇航员可以占有一席之地。

务和“阿波罗 8 号”任务内容相近），并最终让下一位男宇航员和第一位女宇航员登陆月球近南极点位置（这是 2024 年“阿尔忒弥斯 3 号”的目标）。头几步完成以后，接下来的远景目标是建设一个能长期接纳宇航员驻留的基地，就像现在的国际空间站一样。

与此同时，一个新空间站也将被安置在绕月轨道上。它的组建过程将仿照当年的国际空间站——一个模块接一个模块地发射和组装，因此建造工作将耗时好几年。该空间站由已经参与国际空间站建设的各国航天机构营建，其中由欧洲负责建设的模块还将不止一个。在未来，这个名为“月球门户”的空间站将成为我们的实验室、月球探索任务的联络站和中继站，它甚至可能是人类飞向火星的加油站。

从中短期来看，人类将重返月球开展更深入的科研探索并实现一些商业目的；从长期来看，这次返回是人类下次飞跃的序曲，我们将踏上另一个星球——火星。

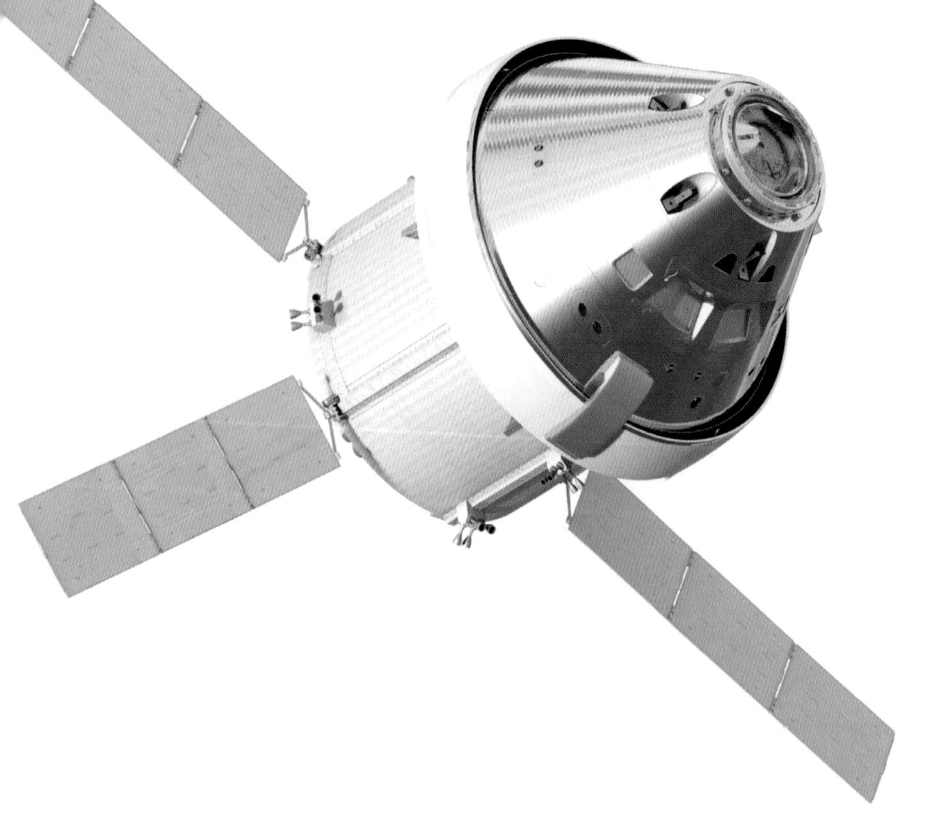

▶ 月球。该图由位于环月轨道上的“阿波罗 16 号”机组人员拍摄于 1972 年 4 月。我们在图上可以看到风暴海、静海、丰饶海、澄海的一部分以及普罗克洛环形山和塔伦修斯环形山。

第四章

太阳系

太阳的紫外线摄影图像，美国宇航局太阳动力学观测台（SDO）于2015年2月10日拍摄。最热的地区颜色最浅。

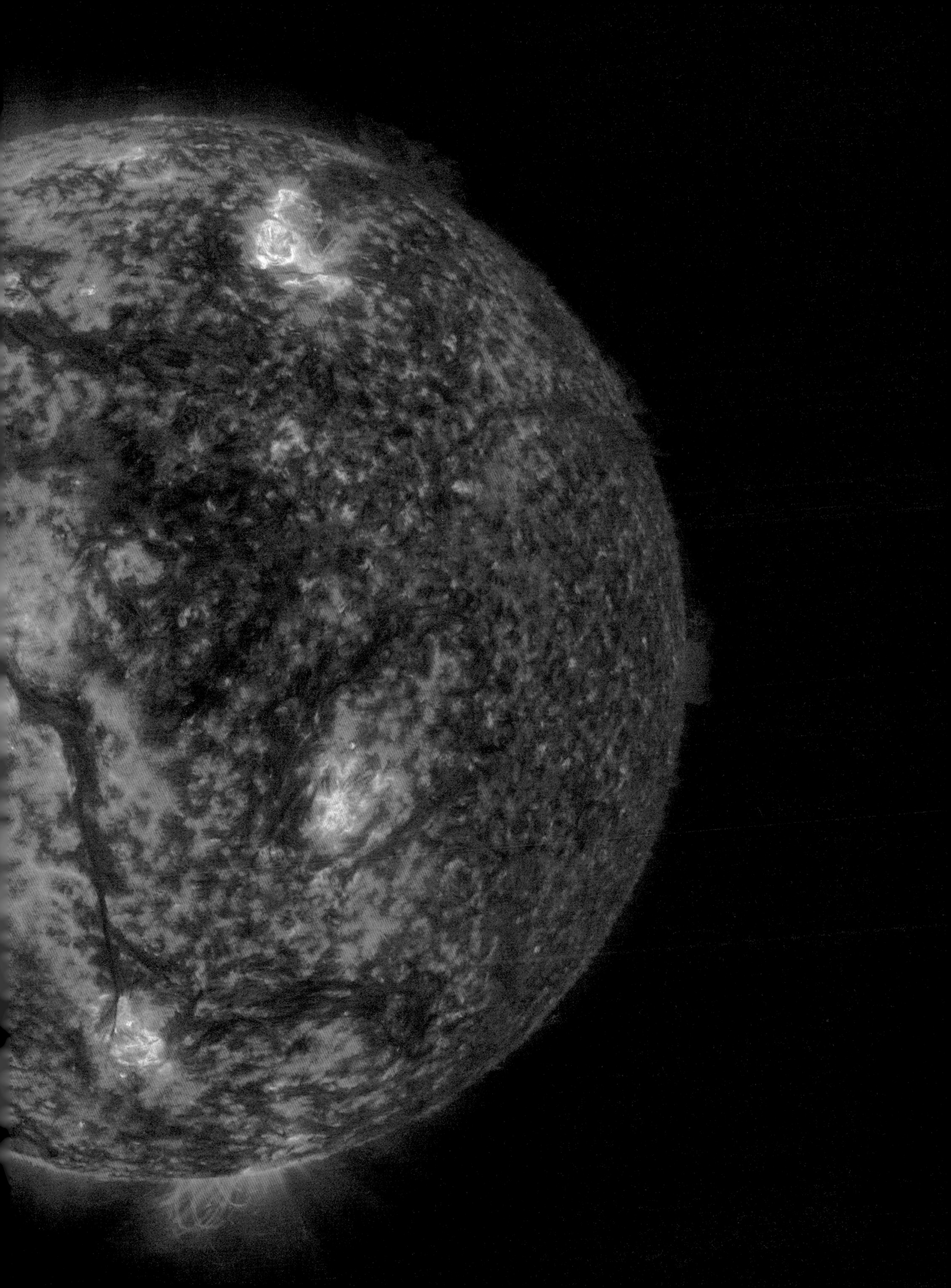

开拓太阳系

“科幻作品最早选定的舞台应该就是我们的太阳系了。这里孕育了最激动人心的历险故事，主人公的大胆探索让读者无不惊叹。今天，为了测试新型火箭，某位亿万富豪企业家已经成功将一辆特斯拉跑车发射到了环日轨道之上，这又让人们看到了希望。开拓太阳系是否即将成为现实？”

新前沿

我们能从 17 世纪的科学假说中找到关于太阳系的最早记述。当时的人们认为，每一颗行星都孕育出了本土生命，而且这些外星生命往往也具备人形。后来大家意识到，由于条件的限制（温度、重力、压力和大气组成），其他星球上的生命体应该和我们已知的生命体不太一样。

人类憧憬着亲身探索太阳系，而这次的领路人又是我们的儒勒·凡尔纳。在凡尔纳 1877 年出版的小说《太阳系历险记》（*Hector Servadac*）里，一群地球人发现自己竟身处一颗掠过地球的彗星上。原来，在途经地球时，彗星

▶《泰坦星上的生命》，弗兰克·保罗为 1940 年 11 月第 14 卷第 11 期美国杂志《惊奇故事》（*Amazing Stories*）绘制的插图。

◀“欧洲！俄罗斯！法国！”——加利亚彗星返航，主人公们正在靠近地球。该图是保罗·菲利波托（Paul Philippoteaux）为儒勒·凡尔纳《太阳系历险记》绘制的插图，摘自赫策尔（J. Hetzel）1877 年发行于巴黎的版本。

LIFE ON SATURN
Life on Saturn would evolve along insect lines, with light body, capable of walking spider-like across its swampy, unstable surface. See page 97 for details
Paul

LIFE ON JUPITER
Jupiter's inhabitants would need to be massive, of tremendous strength to cope with the enormous gravity of this giant world. They would probably be forced to a clumsy means of locomotion, since long legs would be impossible. An Earthman would need a tractor car to get about
For complete details, see page 97
FANTASTIC ADVENTURES, JANUARY, 1940

LIFE ON NEPTUNE
The man from Neptune lives on a world of great density, and he is forced to fight a grim environment. Tremendous gravity, an unstable surface, probably liquid with little land area, dense atmosphere, all present great problems. (See page 96 for complete details.)
Paul

LIFE ON PLUTO
This world of cold and eternal twilight would most likely be inhabited by winged bat-people with heavy protecting fur. Details on page 97
FANTASTIC ADVENTURES, FEBRUARY, 1940
Paul

The MAN from MARS

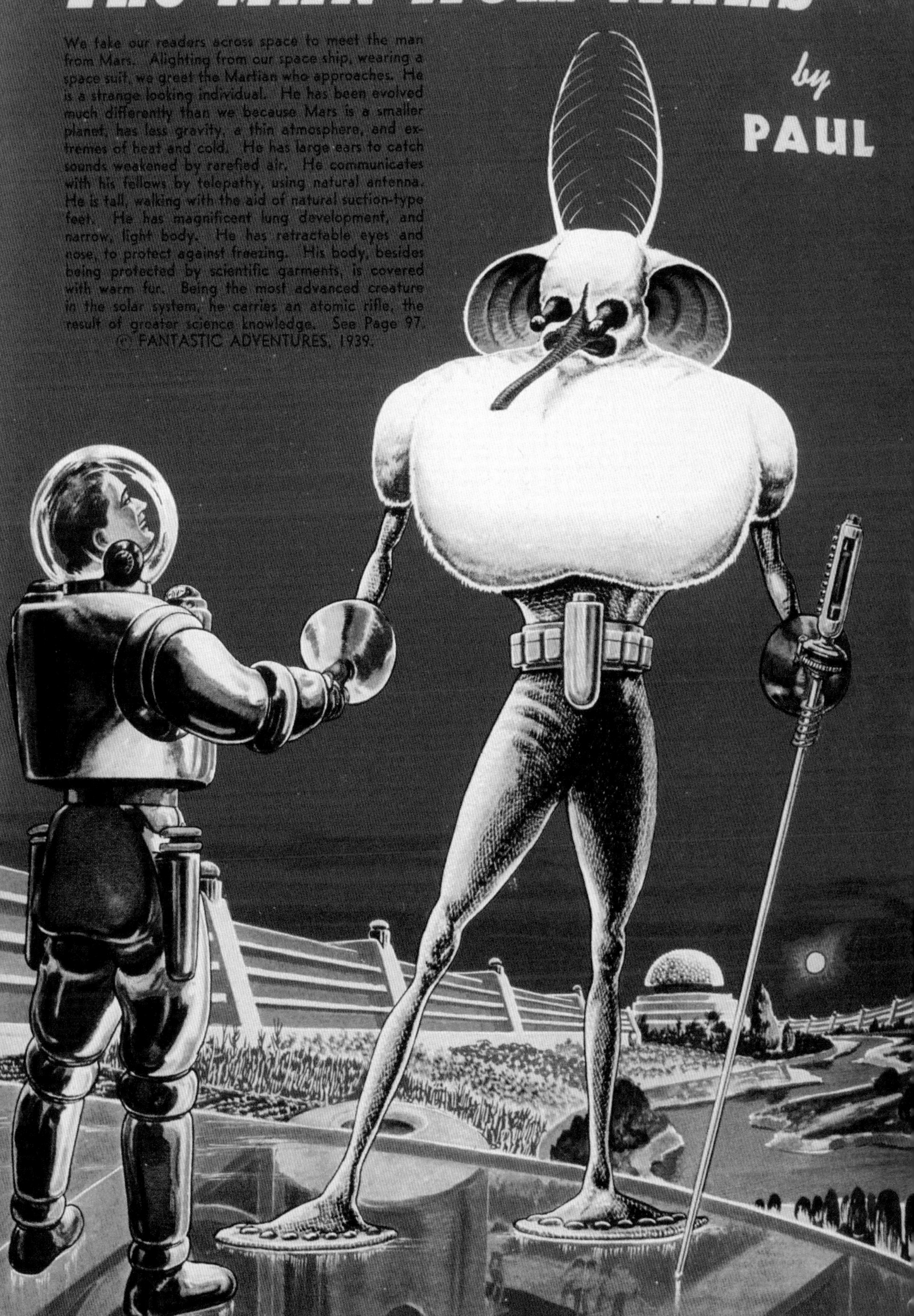

▲ P118：从左到右，从上到下：弗兰克·保罗为美国杂志《奇幻历险》封面宣传文案绘制的配图，以上分别来自 1939 年 11 月第 1 卷第 4 期、1940 年 1 月第 2 卷第 1 期、1940 年 3 月第 2 卷第 3 期、1940 年 2 月第 2 卷第 2 期。

P119：《来自火星的人》，弗兰克·保罗为 1939 年 5 月第 1 期《奇幻历险》绘制的插图。火星人的外貌受到了星球表面自然条件的影响。他们身上长有抗寒皮毛；为了呼吸稀薄的空气，火星人拥有着发达的肺；低密度的空气阻碍了声音传播，巨大的耳朵能帮助火星人更好地捕捉声音；最后，脚上长有的吸盘能让他们稳稳站立于微重力星球表面。

带走了一些人类以及地球的部分大气与水。这个太空旅行团不得不在彗星上生活了两年，在飞越了整个太阳系（来到了木星轨道以外）之后才返回地球。

20 世纪 50 年代初的科幻作家们经常写人类乘着火箭去探索太阳系前沿的故事，为青少年读者写作小说的罗伯特·海因莱因就是其中的代表。这位作家当时已经因《未来史》（*Histoire du futur*）系列而声名大噪。《未来史》问世后，他又写了十几部青少年小说，意在让年轻一代为科学时代的到来做好准备，并为他们艰难坎坷的现实生活带来一份慰藉。海因莱茵相信，能为人提供精神消遣的科幻小说将助力科学知识在美国青少年人群中的传播，从而让孩子们更好地适应未来。

▼ 由马克·弗格斯（Mark Fergus）和霍克·奥斯比（Hawk Ostby）编剧，杰里米·本宁（Jeremy Benning）、迈克尔·加尔布雷思（Michael Galbraith）和雷·杜马（Ray Dumas）拍摄的美国电视连续剧《苍穹浩瀚》2019 年第 4 季中的场景之一。图上展示的这个爱泼斯坦引擎让太阳系殖民不再只是空想。

从 1950 年起，海因莱茵先是写了月球殖民活动（个人意愿以及企业家和工程师间的竞争是这背后的推动力），接着又描绘了火星上巨大的人类殖民地，他笔下的人类以及还征服了矮行星谷神星、土星最大的卫星泰坦星以及木星的伽利略卫星群（尤其是木卫三）。在海因莱茵的小说中，星际旅行价格亲民，一

2015年11月13日，T-114任务期间，"卡西尼号"探测器拍摄的木星最大的"月亮"——泰坦星的红外照片。多亏了红外成像，我们可以透过笼罩着泰坦星的大气看到星球表面。

个中等大小的企业或者一个野心勃勃的探险家完全负担得起。人们可以在星际飞船上自给自足地待上一年多，飞船还能载人飞去小行星。弄到这样的飞船也会更加容易，甚至连未成年人也能通过借贷来购买飞船，这就跟有人能借钱成立个小公司一样。总而言之，人类的足迹从此遍布整个太阳系。主题与之相似的还有艾萨克·阿西莫夫（Isaac Asimov, 1920—1992）的《幸运之星》系列（*Lucky Starr*，1952—1958），小说主人公逐一前往了太阳系里的各个行星。阿西莫夫善于科普，他在该系列中细致地引入了当时已知的各种天文学和物理学知识。同样的，本·波瓦（Ben Bova, 1932—2020）从1992年起陆续问世的《壮游》系列小说（*Grand Tour*）也热衷于描述19世纪末人类对太阳系开展的探索和殖民活动。

但论及该主题下最知名的文艺作品，可能还是得属改编自丹尼尔·亚伯拉罕（Daniel Abraham, 1969—）和泰·弗兰克（Ty Franck, 1969—）同名小说的电视剧《苍穹浩瀚》。两人当时以笔名"詹姆斯·科里"（James S. A. Corey）发表了这部小说。故事发生在人类已经殖民大部分太阳系星球的未来，在爱泼斯坦核聚变引擎的帮助下，人类能完成星际旅行。此时，火星的绝大部分地域已被人类殖民并宣告独立；小行星带上的谷神星、爱神星以及木星的好几颗卫星（包括木卫二和木卫三）都被占领；围绕土星转动的土卫九上建起了一些小型科学基地，天王星的卫星泰坦妮娅上也是这般景象……太阳系各星球的状况和人类殖民太阳系的手段暂且按下不表，我们现在得先讲讲，在现实中人怎么才能从一个星球飞到另一个星球上。

太阳系卫星

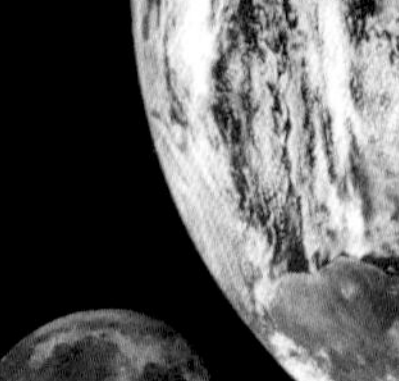
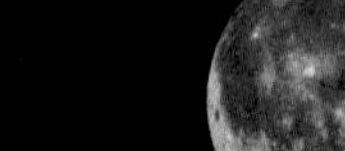

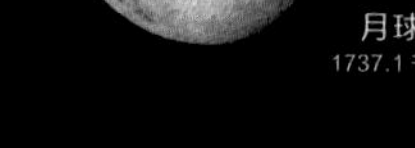
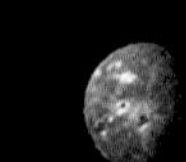
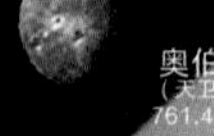

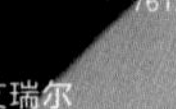

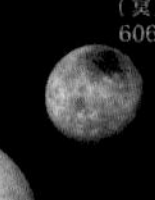

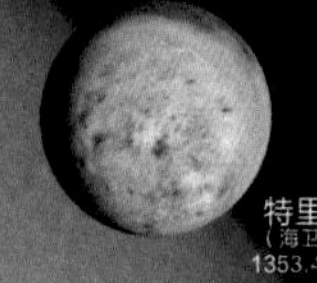

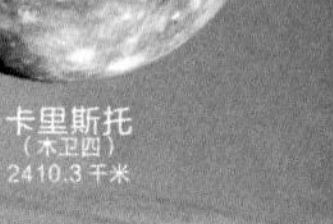

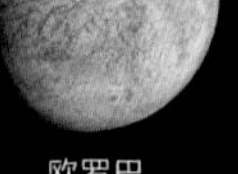

图中数据为各星球半径。

航迹

1925年，德国工程师瓦尔特·霍曼（Walter Hohmann，1880—1945）出版专著《天体的可抵达性》（*Die Erreichbarkeit der Himmelskörper*）。霍曼认为，想让探测器从一个圆形轨道移动到位于同一平面的另一个圆形轨道，应该选择与两个轨道相切的椭圆路线，此时消耗的能量将是最少的。推进器第一次进行推进会让探测器离开初始的圆形轨道并进入椭圆形的转移轨道；第二次推进则是为了让探测器速度能够适应最后的目标轨道。如果是从地球飞到火星，那要在初始阶段持续加速推进以使探测器克服地球引力、获取足够的能量进入霍曼转移轨道。这个加速阶段结束之后，探测器的速度将比地球绕太阳转动的速度（约29.8千米/秒）每秒快2.9千米。根据开普勒第二定律（“面积定律”），探测器的绕日速度会沿其椭圆轨迹递减。到达远日点时，探测器的速度为21.5千米/秒。火星在自己的公转轨道上运动速度更快，每秒约行进24千米。为了被红色星球捕获，探测器还需要进行一番操作，否则它最后将回到原始出发点。

伺机而动

要想沿着霍曼椭圆轨道从地球飞去火星还得选准时机。因为诸行星绕太阳运动的速度各不相同。飞船飞行过程中，火星会在绕日轨道上走过136度，而飞船起飞时地球所处位置和到达时火星所处位置之间的角度差应为180度，因此飞船应该在地球位于火星之后、地球与火星位置夹角为44度时（180°－136°=44°）起飞。由于这两颗行星的轨道周期分别为365天和687天，所以这种状况每780天会出现一次，每次都会是人类飞向红色星球的良机。大量发射任务会集中在此时期进行，就像2020年7月那样。

▼《飞向火星》，沃纳·冯·布劳恩绘制的示意图，发表于德国杂志《法兰克福画报》（*Frankfurter Illustrierte*）1957年2月16日第45卷第7期上。

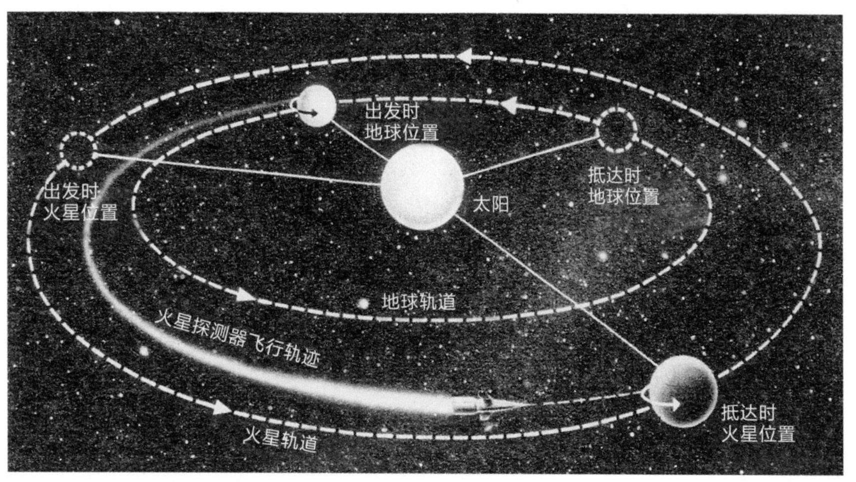

◀ 凯文·吉尔（Kevin M. Gill）根据“卡西尼号”“新视野号”“朱诺号”“火星轨道探测器”“旅行者号”“罗塞塔号”“信使号”和“拂晓号”等探测器发回的图片制作完成的模型图，我们在图中可以看到太阳系中的行星和卫星们（旁注其对应的半径）。

在实际情况中，探测器在来到火星周围时将会使用推进器进行制动，以相对于火星减速并进入环火星椭圆轨道。综上所述，探测器走完整段路程要花近 258 天，约 9 个月，这是最节省燃料的途径。不过，在愿意花费更多燃料的情况下，我们也可以将这趟旅程压缩到 180 天：飞往火星的航天器中有宇航员时就会选择这样做，这是为了避免长期旅行造成的种种不便。

引力助推

为了到达位于太阳系外缘的那些更远的星球，可以主动利用天体的引力来对飞船的速度和方向进行调整。使用“引力辅助”能帮我们省下原本用于推进的燃料。这个主意是沙俄火箭和航天专家（后来服务于苏联）、拉脱维亚人弗里德里希 · 灿德尔（Friedrich Tsander, 1887—1933）想出来的。1925 年，在技术性文章《飞向其他行星：行星际飞行理论》（*Vols vers d' autres planètes : théorie des voyages interplanétaires*）中，灿德尔谈到，飞船在两行星之间飞行时，可以利用两颗星球可能存在的卫星的引力来实现飞行初始阶段的加速和旅程终末的减速。

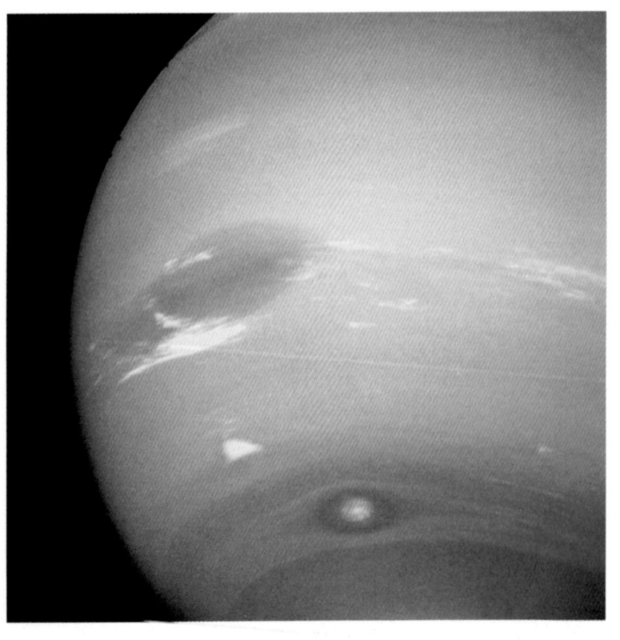

1956 年，意大利工程师、意大利火箭协会创始人加埃塔诺 · 克罗科（Gaetano Crocco, 1877—1968）在国际宇宙航行联合会第七届大会上展示了一项具有开创意义的研究成果：他计算了使用引力助推的行星际飞行轨迹并进行了详细说明。克罗科的目标是找到一条可以在返回地球前接连飞掠火星和金星的航线。如果能在载人航天任务中得到应用，这项研究成果将减少燃料消耗和任务总时长。克罗科计算后得出结论，按此法飞行，全程仅需要一年时间——首先花 113 天从地球到火星，然后再花 154 天到达金星，最后用 98 天返回地球。虽然从未有人实践过这个被称为“克罗科大巡游”的飞行方案，但后来的许多航天器在飞行中都用到了引力弹弓效应（请参看本书第 138 页框中文字），苏联的“月球 3 号”探测器就是第一个这么做的，也是它在 1959 年首个完成了月球背面拍摄任务。从拜科努尔航天中心起飞后，探测器利用月球引力改变了航线以便再次经过苏联信号接收站所在的北半球的上空。不过，给人留下最深刻印象的还是 1972 年的“先驱者 10 号”、1973 年的“先驱者 11 号”以及发射于 1977 年的“旅行者 1 号”和“旅行者 2 号”。在这几次任务中，人类的太阳系探索仍局限于向月球和其他距离自己较近的行星（火星和金星）

◄ “旅行者 2 号”1989 年 8 月 25 日飞掠海王星时发回两张照片，该图是由照片合成的海王星景象。从北到南，我们可以看见“大暗斑”、一簇白色云朵（科学家们给它取名“滑板车”）和“小暗斑”。它们往东飞行的速度不一致，靠这么近的情况甚是罕见。

木星南半球。凯文·吉尔用2018年5月23日“朱诺”探测器上的可见光照相机拍摄的照片合成的图片。拍摄照片时，“朱诺”正在进行它对这颗星球的第13次飞掠，探测器距星球约71 400千米。

2015年7月14日由“新视野号”上的远距勘测相机（LORRI）拍摄的四张照片合成的冥王星图片。通过组合“拉尔夫”相机（Ralph）获取的色度数据以及这些照片，科学家们得到了能呈现行星真实颜色的图片。拍摄这些图像时，航天器位于距冥王星45万千米远处。

“卡西尼 – 惠更斯号”探测器飞行轨迹

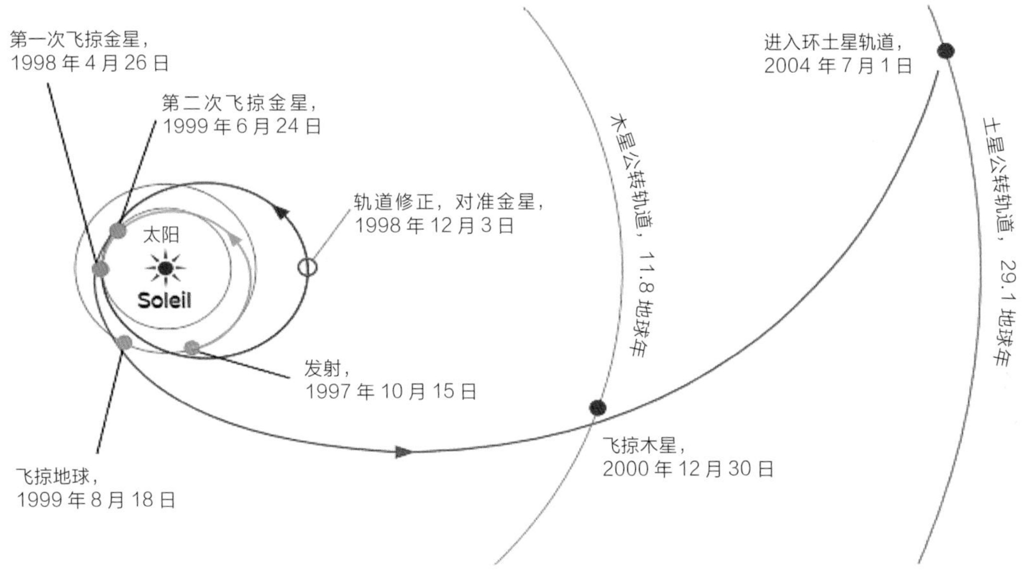

发射探测器。水星和太阳系外缘行星（从木星到海王星）并没有进入人类的探索日程中，因为，要想达到飞去这些星球的速度，我们还需要更强劲的发射器。

“旅行者计划”发端于 20 世纪 60 年代初。当时，美国喷气推进实验室实习生、后来的数学家迈克尔·米诺维奇（Michael Minovitch）指出，如果让一艘飞船近距离飞掠一颗行星，那我们可能有效地改变它速度的大小和方向。要是能在飞掠木星时把引力利用起来，那就有希望用现有的发射器将探测器送往遥不可及的行星。三年后，同样在喷气推进实验室工作的加里·弗兰德罗（Gary Flandro, 1934—）注意到，1976 年到 1978 年间，木星、土星、天王星、海王星的分布情况将有利于飞船把它们全造访一遍。飞船可以利用引力弹弓接连从一颗星球飞向另一颗。看到这个可遇而不可求的分布情况（大概每 175 年出现一次），美国宇航局心动了，于是发射了“先驱者 10 号”“先驱者 11 号”，以及“旅行者 1 号”“旅行者 2 号”，它们是太阳系外缘行星的首批探索者。在这两组发射计划之间，1973 年发射的“水手 10 号”还利用金星引力完成了水星飞掠。弗兰德罗也研究了探测器使用引力辅助飞往冥王星的轨迹，他的成果为 2006 年发射的“新视野号”在 2015 年飞掠冥王星打下了基础。

经历了这些早期探索之后，引力现在已经成为人类星际之旅不可或缺的帮手。1989 年发射的美国探测器“伽利略号”使用金星和地球的引力（两次！）前往木星和它的冰冻月亮们。1990 年，美国宇航局和欧洲航天局联手打造的“尤利西斯号”则在木星引力的帮助下离开地球轨道平面，飞去探索此前还从未被观测过的太阳极点。2004 年，美国探测器“信使号”利用了地球、金星（两次）、水星（三次）的引力，最终在七年后进入水星轨道。但最令人惊叹的还是美国和欧盟携手制造的“卡西尼 – 惠更斯号”，它两次使用金星引力，一次使用地球引力，最后成功飞抵土星。虽然这个方案让飞行多花了近一年时间，但是它节约了燃料并成功将体积超大的“卡西尼-惠更斯号”探测器送达土星。

如果不借力飞行，“卡西尼-惠更斯号”是绝对无法飞到土星的，哪怕用的是当时最大的“泰坦 4 号”发射器。进入环土星轨道后，为了对土星系统进行航行探索，“卡西尼号”探测器使用了泰坦星引力辅助将近 127 次。使用次数之多，简直是不可思议。

核电推进

在科幻小说里，人类能在太阳系各星球之间来回，轻松得像在做洲际旅行。而目前我们还难以实现这个梦想。现今的星际航行耗时极长。发射升空后的飞船在

使用引力弹弓

尽管引力弹弓在遨游太阳系的时候甚是实用，但能否利用某个天体的引力，还是得看它所处的具体位置。所以，执行发射任务必须选在星球到达最合适位置的时候。利用引力辅助可以节省燃料，不过飞行持续时间往往会长达数年。如果利用太阳，那就能获得最强的引力辅助效果。这个大胆的操作可能只有从太阳系外飞来的物体才能完成。在《与拉玛相会》（*Rendez-vous avec Rama*）中，亚瑟·克拉克（Arthur Clarke）描述了一艘被短暂访问过它的人类探险者们称为“拉玛”的外星飞船。它就是使用了太阳引力来调整自己星际航行的轨道。2017 年 10 月，位于夏威夷毛伊岛的“泛星计划 1 号”望远镜（Pan-STARRS-1）探测到了一颗飞经太阳、轨迹呈明显双曲线状的神秘小行星，它来自太阳系之外。这个天体得名“奥陌陌”（Oumuamua, 夏威夷语，“第一个来自远方的信使”之意）。奥陌陌距太阳仅三千八百万千米，比水星离得还近，它的轨迹因此也受到了太阳引力影响。奥陌陌的飞行终速度为 26 千米/秒，它目前正朝着飞马座方向飞行着，可能花上几十万年的时间去抵达另一个行星系。

▲ 2017 年，艺术家马丁·科恩梅塞尔（Martin Kornmesser）根据欧洲南方天文台（ESO）和其他天文台的观测结果制作的奥陌陌概念图。奥陌陌是块长条状的岩石或者金属体，呈深红色。

▲ “赫尔墨斯号”飞船。雷德利·斯科特翻拍自安迪·威尔（Andy Weir）同名小说的电影《火星救援》（2015）中的一幕。在飞船后方，我们能看见负责为驱动飞船的核反应堆散热的装置。

只受到初始推力和所处位置引力场的影响时会沿着一条轨迹（“弹道”）行进。为了减少耗时，我们必须持续地推进飞船以让它完成各种动作或者达到更可观的速度。这也解释了为什么在斯坦利·库布里克（Stanley Kubrick）的电影《2001 太空漫游》（*2001 L' Odyssée de l' espace*, 1968）中，飞船“发现 1 号”上安装了一个核能推进器。这个位于飞船底部、远离机组人员所在位置的核能反应堆能帮助飞船在一个月内就从地球飞到木星，而现实中，美国的“朱诺号”——它现在就位于环木星轨道上——做同样的事花了 5 年。

在雷德利·斯科特（Ridley Scott）的电影《火星救援》（*Seul sur Mars*, 2015）里，宇航员们乘着“赫尔墨斯号”飞船抵达火星。“赫尔墨斯号”最引人注目的一个特点就是它体型巨大，比带宇航员们前往月球的“阿波罗”飞船要大得多。另外，它也拥有一个能旋转产生人造重力的大转轮（请参看本书第 68 页框中文字）。“赫尔墨斯号”还装配着国际空间站同款巨型太阳能板，位于该飞船后方、远离机组人员所在处的核反应堆也会产生电能来驱动飞船。

核电推动的原理是利用电场电离惰性气体（如氙气），让气体中产生带电粒子（离子）。接着，强电场让离子猛烈加速，飞船将被推动着向离子喷射的反方向运动。这种推进方式非常经济划算：在功率相同的情况下，离子推进器花费的燃料比传统推进器少 90%。虽然离子推进器的喷射速度比传统推进器快，但由于喷出质量太少，产生的推力还是较弱，以至于离子推进器无法让飞船从地球表面起飞。不过，这样的推进器

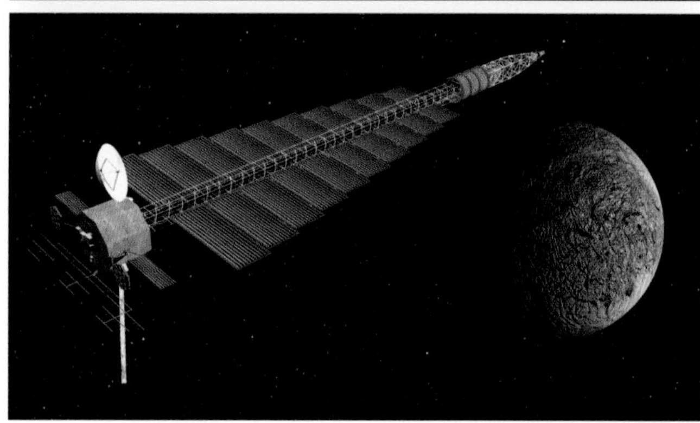

▲ 上方，宇宙背景中的“深空1号”太空探测器的3D模型。下方，美国宇航局的“木星冰月轨道器（JIMO）”。2005年计划中止。

可以持续产生推力长达几个月甚至几年，而传统推进装置几分钟之内就把燃料耗尽了。一旦进入太空，离子推进器就能驱动飞船了。“赫尔墨斯号”上的核电推进器只花了4个月就让人们抵达火星，比传统方法快两倍。

2003年，美国宇航局启动“普罗米修斯”计划，想要研发一个能服务于长期太空飞行任务的核电推进系统。美国宇航局打算让一个小核反应堆成为能量源，该推进系统将在“木星冰月轨道器计划”（JIMO）[①]中进行首次应用。可惜在2005年，计划宣告流产，因为当时宇航局调整了预算重心。欧洲航天局（ESA）那边则启动了不使用核能的“木星冰月探测器计划”（JUICE），目标也是探索木星的三个卫星。欧洲计划于2022年6月发射探测器，它将5次借助引力、在跋涉91个月后于2030年1月抵达木星。在2032年9月，木星冰月探测器会进入环盖尼米德轨道开展近距离科研活动，这将是首个环绕其他星球的卫星飞行的航天器。在2010年年底，美国宇航局启动了“欧罗巴快船计划”（Europa Clipper），目标瞄准了欧罗巴（木卫二）。和美国之前的木星冰月轨道器一样，这个新探测器也将使用电能推动，但是这次，提供电能的不是核反应堆，而是太阳能板。

“欧罗巴快船”轨道器预计于2024年发射，然后耗费6年时间到达木星系统。未来还将发射“欧罗巴着陆器”（Europa Lander），作为轨道器的补充，它将登陆欧罗巴表面搜寻生物征迹。

► 木星的冰冻月亮——欧罗巴的全景图，该图由1995年和1998年“伽利略号”探测器拍摄的多张照片合成得到。蓝色和白色部分是纯度较高的冰，而红色和棕色部分则是高浓度的其他物质。

① “木星冰月轨道器”是为探索木星的冰冻月球——欧罗巴、盖尼米德和卡利斯托——而专门设计的探测器。——译者注

M.Carroll

小行星

其实，星际殖民主题刚兴起之际，科幻作家们心中最理想的定居点首先是火星和金星，然后才轮到小行星。而如今，由于拥有丰富的矿产资源和巨大的殖民开发潜力，小行星正逐渐成为科幻作家和科学家们关注的焦点。

1801年，意大利天文学家朱塞普·皮亚齐（Giuseppe Piazzi, 1746—1826）发现了第一颗小行星——谷神星；1802年到1807年间，人们又找到了三颗小行星（位于相邻轨道上）：智神星、婚神星和灶神星。就这样，一代又一代人的努力不断累积，目前，人类总共在“主小行星带”（火星轨道和木星轨道间的区域）发现了七十二万颗小行星。顺便一提，在20世纪初问世的头几部“太空歌剧”（space opera）[①]中，作者们总是把小行星描绘成行星际旅行的长期威胁，他们似乎并没有搞清楚这些小行星互相间离得有多远。小行星往往和矿产资源开发联系在一起。在某些科幻小说里，小行星被写得就像是加拿大育空地区的克朗代克（Klondike）[②]。这类小说中的主人翁是一些总受到恶棍袭击、不过有时还算走运的“掘金者”们。小行星掘金者和克朗代克掘金者最大的不同之处就在于，前者不骑骡子了，改乘需要不停东修西补的破烂飞船。小行星也是修建巨大地外殖民地的理想选址。只需挖空小行星，我们就能得到殖民地的建材，挖出的材料也可以转化为供殖民地使用的氧气。在电视剧《苍穹浩瀚》中，那些被超大星际公司奴役的小行星带人正是在为这个宏大工程卖命。

① “太空歌剧”是科幻文学的一个流派，较之其他科幻作品更重戏剧性和故事性。——译者注

② 该地在1896年到1899年间由于淘金热而闻名世界。——译者注

◀ 美国宇航局的“欧罗巴着陆器”概念图（发布于2017年）。美国计划将一个机器人送到欧罗巴表面。在图中，我们可以看到，机器人刚用机械臂完成了采样工作，其顶部安装有高增益天线和立体成像摄像机。

▼ 小行星“爱神星”的北半球景象。该图由“会合－舒梅克号”探测器于2000年2月29日拍摄的六张照片合成得到。探测器当时距小行星约200千米。星球顶部的陨石坑直径约5.3千米。

在现实中，已经有科学家开始宣传太阳系矿产开采业务了。1996年，亚利桑那大学教授约翰·刘易斯（John S. Lewis, 1941—）在《开采天空》（*Mining the Sky*，也译《太空资源的勘探与利用》）一书中对各种地外矿产开采方案做了梳理。开采得来的矿石要么运回地球加以利用，要么为太阳系殖民做准备。

为了证明太空采矿业有着光明前景，刘易斯对小行星“阿蒙”（3554号小行星，最小的金属小行星，其

开发小行星：难乎其难

如果要对某颗小行星进行开发，我们要面临的第一重挑战将来自它的引力场。小行星表面的引力场分布并不规则，最小处的重力可能是地球重力的几千分之一。通过观察“罗塞塔号”“隼鸟二号”“奥西里斯－雷克斯号”等探测器的活动情况就可以得知，移动到近小行星处或者在小行星表面降落停留（哪怕是很短的时间）并非易事。小行星上重力十分微弱，采矿机器必须被牢牢锚定在星球表面。但是，覆盖在小行星表面的物质又极有可能是易粉碎质地……而且，在微重力环境下收集和搬运开采的矿物要万分小心：有些小行星的逃逸速度在 10 ～ 20 厘米 / 秒级别，操作时一不留神就会导致极大的损失。具体采用哪种开采手段取决于矿物本身的性质。采集最易挥发物质时可以采用机械切割、熔化或者汽化的方式；而金属则只能在高温下切断或熔化。进行开采工作必然需要大量能量，我们可以使用巨大镜子将太阳光聚集到小行星表面，从而使易挥发物质汽化。当然，也可以直接利用核反应来生产能量。

从小行星上采集到原材料后还需要从中分离出有用的部分。我们不能照搬地球上的传统加工步骤，而是需要对其做出彻底的调整。因为在微重力的情况下，物体表面的力（表面张力、摩擦力和静电力）施加的影响将会更加显著，物质会很容易聚集粘连起来。

在小行星开发的支持者眼中，矮行星谷神星条件优越，是理想的太空前哨：这颗星球逃逸速度极小（510 米 / 秒）；星球上还蕴藏着大量宝贵的水资源，可供人类就地使用，也可以被输送至位于主小行星带的飞船上，成为飞船的燃料来源、制氧原料和生活用水。《苍穹浩瀚》里不就是这么演的吗？

▶ 美国杂志《如果：科幻世界》（*If: Worlds of Science Fiction*）1968 年第 18 卷第 9 期的封面，插画家麦肯纳（McKenna）为哈尔·克莱门特（Hal Clement）的短篇小说 *Bulge* 所绘。在克莱门特的小说中，为了开采矿产资源，人类将小行星拖离小行星带，送入了环地球轨道。图中描绘的正是这一场景。

公转轨道与地球公转轨道相交）的经济潜力进行了估算：这颗小行星直径 3.3 千米，假定其构成与典型的铁陨石类似，那么它可能蕴含着总价值达数十万亿美元的铁、镍、钴和铂族金属。和所有太空殖民计划的拥趸一样，刘易斯也渴望着突破地球的限制，让人类文明在多个星球上生根发芽。但也不要高兴得太早，小行星开发并不像某些人想的那么简单（请看本页框中文字）。有人已经对这些开发方案提出疑问，指出这其实是在回避当下急需解决的问题。批评者们认为，那些寄希望于小行星开发的人总认为只要技术更先进，所有问题都将迎刃而解——正是这种盲目心理让人们忘却了自己正在摧毁母星生态环境的事实。无节制地消耗地球资源去开发地外星球，这是否会加速地球生态圈的毁灭？太空资源真的该被用来延续地球上这个已经极其不公的人类社会吗？人类对宇宙的探索难道不应摆脱殖民色彩，仅以合作共赢和科学研究为目标吗？至今无人能对这些问题做出解答……

WORLDS OF
IF
SCIENCE FICTION
WORLDS OF
TOMORROW
September 1968
60c
BULGE
by
Hal Clement
"The Elf in the Starship Enterprise"
—a poem and portrait
ALL STORIES
COMPLETE IN THIS ISSUE

终极之旅

“1968 年到 1972 年间共进行了九次‘阿波罗任务’。这系列任务的目的地——月球，是人类迄今为止踏足过的最远的地方，十二名登月者亲身经历了这场有史以来最伟大的冒险。

‘阿波罗’之后，人类再也没走出距地面几百千米的绕地球轨道，哪怕我们仍然渴望着回到月球而且已经具备了在太空里长期生存的能力。我们什么时候才能去探索太阳系里的其他天体？哪些星球将成为我们的目标？”

去往太阳系何处?

畅想未来的太空生活时，我们往往会想到去月球、火星，当然，也有人想得更远一点：为什么不去木星和土星呢？志向最远大者则对太阳系外行星心向往之。奇怪的是，人们很少想到去探索那两颗比地球更接近太阳的星球——水星和金星。

首先，我们必须承认，水星并不能算是一个完美的旅行目的地。水星距太阳约仅 5800 万千米，比地球近 2/3。由于没有大气层，水星向阳面和阴暗面之间的温差极大：白昼面的最高温可达 430 摄氏度，而暗面最低温可低至零下 180 摄氏度。这颗星球体积很小，比盖门尼德（木星的卫星）或泰坦星（土星的卫星）还要小，表面就像月球那样坑坑洼洼。

水星同时也是一颗相当难以接近的行星，目前只有两个探测器前往进行勘测——1974 年到 1975 年间，“水手 10 号”三次飞掠水星；“信使号”则在 2011 年到 2015 年间待在环水星轨道上。下一个探测水星的将是“贝皮 · 哥伦布号”。

“信使号”探测器上的两台水星双成像系统（MDIS）设备之一拍摄的水星照片（2008 年 1 月 14 日）。

▶ 艺术家制作的“金星高空运作概念”项目想象图（2015）。美国宇航局计划用飞艇探索金星大气。

▼ 金星景象图，该图由“水手10号”于1974年2月7日到8日拍摄的照片合成得到。由于一种不明物质吸收了某些波长的光线，金星上出现了橙色斑点。白色的硫酸液滴云处于约60千米海拔高度处，它绕星球飞行的速度快于金星赤道上的自转线速度。

该探测器已于2018年发射，它将在跋涉90亿千米后于2025年抵达目的地。

为了接近水星，探测器需要花很长时间围绕太阳做轨迹复杂的飞行活动，并在最终抵达时耗费大量燃料进行制动以完成入轨。除此之外，我们还要考虑到如何在靠近太阳时保护探测器上的设备免受辐射以及巨大温差的影响，这也是个技术难题。而人类第二次让探测器进入环水星轨道的尝试①能否成功，那要等到2025年才知道了。想到这里，我们也不难理解为什么太空机构在规划载人航天任务时从不考虑水星了。

金星：大气！大气！

金星是离我们最近的邻居，去这里比去火星花的时间更少。但是要知道，说金星对人类而言“不太宜居”已经算是轻的了。事实上，金星表面均温约460摄氏度，无论身处地上何处，你都难逃高温。做个比较可能更直观：烤个蛋糕其实也只需要180摄氏度……而且，金星的大气密度实在太高，以至于我们在金星地表处承受的气压大小和在海底1000米处承受的水压大小差不多。基于以上两个原因，宇航员们很难在金星上行走，在金星上生活几天（像“阿波罗”任务里那样）更是难上加难。

▼ 1975年10月22日，苏联“金星9号”在金星上的着陆点。这是首张探测器在地外行星表面拍摄的照片。

① 指“贝皮·哥伦布号”任务。——译者注

目前，只有苏联的“金星”（Venera）系列探测器登陆过金星：“金星7号”成功于1970年12月5日首度踏足金星；1972年，“金星8号”同样顺利着陆；“金星9号”在1975年发回了第一批金星表面照片；也是在1975年，“金星10号”登陆金星；1978年的“金星11号”“金星12号”以及1982年的“金星13号”“金星14号”都成功探访了这颗星球，其中，“金星13号”在金星上待得最久（127分钟），也是它发回了第一批彩色的星球表面图片。连苏联的探测器都只能勉强在金星上撑过两小时，送宇航员上去体验如此严酷的高压和高温显然是个馊主意。但是，金星对我们也有“宽仁”的一面：它拥有大气层。金星50千米高空处的气压大小近似于地球表面气压，重力大小也相近（但是金星的重力更微弱一些），气温仅75摄氏度。如果宇航员们待在有空调的驾驶舱内，那应该没什么大问题——毕竟登上月球的宇航员当时面临的可是近120摄氏度的高温啊！

美国宇航局提出过一个金星飞艇载人探索方案，这就是“金星高空运作概念”（HAVOC, High Altitude Venus Operational Concept）。在设想中，宇航员们将用110天飞抵金星，然后在飞艇上开展为期30天的金星探索活动，最后再用300天返航，全程总共将耗时440天（比14个月多一点），也就是说和瓦列里·波利亚科夫在“和平号”空间站上待的时间差不多长（437天）。“金星高空运作概念”是科研性质任务。人类将借此机会摸清金星大气的构成与演变，了解星球气候变迁史以及大气和地面长时间内的相互作用，弄明白金星表面是否曾存在过液态水。最终，我们对金星地表和内部构造的演化将会有更准确的认识。

◀ “维京 1 号”探测器于 1980 年 2 月 22 日拍摄的 102 张图片合成的火星景象图。火星中部是长度超过 3000 千米、最大深度可达 8 千米的火星大峡谷。我们可以看到左边塔尔西斯火山群的三座主峰。

美国提出这个计划是在 2014 年。而就在 2020 年，一些科学家隆重召开新闻发布会，宣布发现金星大气中存在磷化氢，这意味着金星云层中可能存在地外生命。这则消息引发了轰动，它也提醒了我们——可能已经是时候把“金星高空运作概念”摆到桌面上来讨论了。然而，在引起轰动之后，这个宣告也遭到了质疑，因为现在身处地球之上的我们根本难以研究和确认金星的大气构成。要是能在实地使用设备进行分析，想必科学家们就能获得准确数据、开展实验，从而得出更可信的结论了。

当然，我们也可以选择不载人，仅用高空探测气球搭载科学设备。这其实也是“金星高空运作概念”计划的第一步：在将宇航员送上金星之前，先开展无人任务试水。后续的金星载人任务如果能成功，那就将证明人类可以在位于遥远深空的其他行星上生存、工作，证明我们有能力开发新技术来实现这个目标。金星是离我们最近的行星，停留在金星大气中比登陆金星要简单许多，金星探索也能为以后的火星探索搭跳板。不过，航天机构的预算也不是要多少就有多少的，我们必须做出抉择。目前，在载人行星探索领域，全部火力都集中在重返月球上（并不在金星探索上），这将是人类登陆火星的序曲。说到底，我们始终瞄准着火星。

叫人失望的火星

19 世纪末的人们大都认为太阳系其他星球上也有生命存在，就连科学家们也这么觉得。天文学家和科普作家卡米耶·弗拉马里翁在《大众天文学》（1880）一书中也讲到了金星：“金星上应该有植物、动物和人类生存，他们的样子和地球上的物种差不多。没有哪个博物学家会设想金星上是一片荒芜的沙漠。”然而事实正相反，苏联“金星”系列探测器为了能在了无生机的严酷金星待上一段时间遭遇了不少困难……在 140 年后重读弗拉马里翁写下的这段话可真是太有意思了！

随着时间的推移，人类所使用的观测设备也越来越先进。在 19 世纪末，科学家们在火星上观测到了一些他们所谓的“运河”：它们的存在不就正好说明了火星和地球状况相似吗？！弗拉马里翁还曾这样描述火星植被：“……火星陆地的样貌丰富了我们对植被的认知，

金星，闪耀重归

金星好像又重新吸引了航天界的目光。2021 年 6 月，欧洲航天局（ESA）宣布实施“展望计划”（EnVision）。预计于 20 世纪 30 年代初发射的“展望号”探测器将对金星展开从内核到高空的全方位观测活动。美国宇航局也不甘后人，他们正在准备启动“达芬奇 + 号”（Davinci+）和“真理号”（VERITAS）项目。“达芬奇 + 号”的任务是对金星大气进行深入研究，而“真理号”探测器则将争取绘制金星的精确地质图。

◀ 1997年“火星探路者号”任务期间，“索杰纳号”火星车拍摄的火星土壤彩色全景图（部分）。我们可以看到地平线上的“双峰”。1997年7月4日，“索杰纳号”火星车沿斜坡下行，登陆火星地表。它在83天里拍摄了火星照片、进行了测量并收集了土壤样本。

我们要承认，各星球上的植被不一定都是绿的。虽然从地球上观察不到火星植物的具体形态，但我们可以得知，火星的植物，上至参天巨树下至苔藓，大都呈黄色和橘色。”写完这段后隔了几页，坚持己见的卡米耶·弗拉马里翁又谈道：“这是一片探索者们到不了的新大陆，但是有人类族群居住于此。就像我们一样，他们可能也在工作和思考，也在研究着自然界伟大的未解之谜。”

虽然有点令人难以置信，但是“周围其他星球上也有生命和文明”的观念一直延续到了20世纪60年代初。直到美国探测器“水手4号”在1965年7月飞掠红色星球并送回首批图片，人们才得知火星原来是一颗陨石坑遍布的荒凉星球。在火星上邂逅新文明的希望破灭了，人类大失所望。

不过，由于当时美苏太空竞赛正如火如荼，再加上火星仍可能存在微生物，所以这颗红色星球并没有被彻底地抛在脑后。苏联的“火星3号”在1971年12月完成首次登陆。1976年，美国在间隔几星期的情况下分别发射了火星探测器“维京1号”[①]和“维京2号”，它们的任务目标之一就是搜寻生命存在的痕迹。尽管“维京号”的火星科研探索任务取得了重大成功，探测器从星球表面发回了令人屏息的现场图片，可是“维京号”并未能探测到微生物的存在。科学家们于是对这颗看起来很荒芜的星球暂时丧失了兴趣。

火星探索，兴趣重燃

火星好像没什么科研价值，太空领域的冷战也已经结束；至于轨道空间站和航天飞机，那也是为了更近的、探索成本更低的目的地而建造的。在这样的大背景下，为什么还想着把宇航员送到火星上去呢？虽然当时大家都明白火星是月球之后的太空探索下一站，但在1975年到1996年间，实现火星梦（不论是机器人探索还是载人探索）确实并非当务之急。

① 也译为“海盗1号”。——译者注

▲ 从上至下：
1976 年 7 月 20 日，“维京 1 号”着陆器拍摄的首张火星表面全貌图。
1976 年 7 月 20 日，着陆几分钟后，“维京 1 号”着陆器在火星上拍摄的第一张照片。

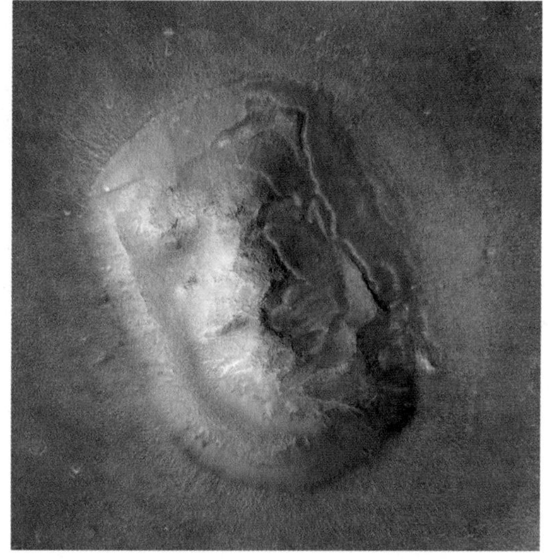

▲ （上图）火星“人脸”。拍摄于1976年7月25日。“维京1号”在火星北半球为“维京2号”找寻登陆地点时拍摄的照片。照片上出现小黑点是火星到地球的信号传输问题所致。

（下图）火星“人脸”。2001年4月8日，火星轨道摄影机（Mars Orbiter Camera, MOC）于“火星全球勘测者号”任务中拍摄的基多尼亚桌山群照片。这台设备清楚地捕捉到了火星表面的一些特点。1999年12月“火星极地着陆器”（Mars Polar Lander, MPL）失踪后，火星轨道摄影机也曾被用来找寻它的下落。

火星“人脸”

这张图片出了名地容易引发“空想性错视”现象（指人类会从一张本来没什么特殊意义的图片中——比如，云朵图片和星座图片——看到自己熟悉的事物）。在光影效果和照片拍摄角度的作用下，图中的事物看起来像极了半张人脸。该卫星图片引发了许多推测（都或多或少有些牵强），并出现在许多文艺作品中（音乐、电视剧、电影……）。在“维京号”拍摄该图片25年后，“火星全球勘测者号”再度飞掠基多尼亚桌山群并发送回了更高质量的图像，我们可以在图中清晰地看到地貌的轮廓和特征，这里并不存在任何非自然形成的构造。

1976年“维京号”计划取得成功之后，下一次看到火星任务圆满完成目标要等到1996年以后了——美国的“火星全球勘测者号”（Mars Global Surveyor）和“火星探路者”（Mars Pathfinder）任务告捷。而这期间的其他火星任务，不论是美国的、苏联的、俄罗斯的还是日本的，均遭失败。通往火星之路荆棘丛生，风险巨大。

“火星探路者”任务由“探路者号”着陆器和首个火星车“索杰纳号”负责执行。“索杰纳号”被安放在着陆器上，到达火星后，它将顺斜坡驶向星球表面。比起做科学实验，当时去火星更多是为了测试现有技术。此次任务是在为美国未来更宏大的机器人探索任务积累经验。“探路者号”“索杰纳号”和它们拍摄的火星照片深深震撼了世界人民，尤其在美国引发了很大反响。人们对此津津乐道，这也解释了为什么我们能在雷德利·斯科特的电影《火星救援》[①] 中看到这样一个情

① 2015年上映，改编自安迪·威尔2011年出版的同名小说。——译者注

▲ 上图：

本图来自雷德利·斯科特根据同名小说拍摄的美国电影《火星救援》（2015）。为了收集可利用的机器零部件，电影主人公找到了“探路者号”和“索杰纳号”的降落地点。

下图：

布赖恩·德帕尔玛拍摄的美国电影《火星任务》（2000）中的场景。参与“火星2号”救援任务的宇航员们刚抵达星球，正在向“火星1号”的任务基地移动。

▶ 该图为安东尼·霍夫曼拍摄的美国电影《红色星球》（2000）中的一幕：2057 年，人类首艘火星载人飞船使用气囊降落火星。

▼ 火星子午高原全景图，由“机遇号”火星车拍摄于 2005 年 5 月 6 日至 14 日。“机遇号”当时正位于一个距“耐力”环形山约 2 千米处、被叫作“炼狱沙丘”的地方。它被困在这个沙丘里长达一个多月。这张照片被命名为“鲁卜哈利”（Rub al-Khali，意为“空旷的四分之一”），名字来自沙特的同名沙漠。

节：被遗留在火星上的主人公为了拿到通信设备与地球取得联系，动身去寻找“探路者号”。

鉴于这个标志性的任务进行于 20 世纪 90 年代，两部火星探索主题电影——布赖恩·德·帕尔玛（Brian de Palma）的《火星任务》（*Mission to Mars*）和安东尼·霍夫曼（Anthony Hoffman）的《红色星球》（*Red Planet*）——紧随其后于 2000 年上映可能也并非偶然。这两部电影有三个共同点：都讲述了在不远的未来开展的载人火星探索任务（分别在 2020 年和

2057 年）；电影在呈现火星表面时都选用了相同的暗红色调（对于任何一个已经看过了自 2003 年以来发回的上千张真实图片的人而言，影片里呈现的这种颜色都很古怪，且俗气）；它们都谈到了火星上的地外生命。好莱坞电影让火星上有生命体存在这一设想又重新流行起来。

两部电影还向之前的火星探测任务取了经。《火星任务》的灵感来自 1976 年“维京 1 号”轨道器发回的那张著名照片。在照片中，火星北半球基多尼亚桌山群的轮廓在阴影效果下看起来很像一张人脸。剧本作者们于是大受启发，开始编故事了（剧透预警）：在他们笔下，火星人成了地球人的祖先。

《红色星球》一片中，在宇航员们抵达之前，人类就已经在火星上开展起了地球化工程。另外，这部电影里有一点很有趣，那就是编剧加入了用气囊进行缓冲的情节。“探路者号”和“索杰纳号”能顺利降落在星球表面正是多亏了气囊。在它们落地前几秒内，包裹着探测器的气囊迅速充气膨胀，形成一个将内部保护起来减少冲击的茧。电影里，被气囊包起来的飞船在稳定下来之前也在火星地表弹跳翻滚了数次（和“探路者号”以及它那位有六个轮子的乘客所遭遇的一模一样）。虽然 2004 年的“勇气号”和“机遇号”也用气囊进行了着陆缓冲，但人们并不会考虑在载人飞船降落火星时采用这项技术。我们从虚构作品中也的确能看出来，这个缓冲过程对宇航员不太友好。

机器人火星探索的黄金年代

21 世纪初，火星成了科学家和航天机构的重点关注对象。首次火星飞掠完成后，这颗行星曾叫人心灰意冷。

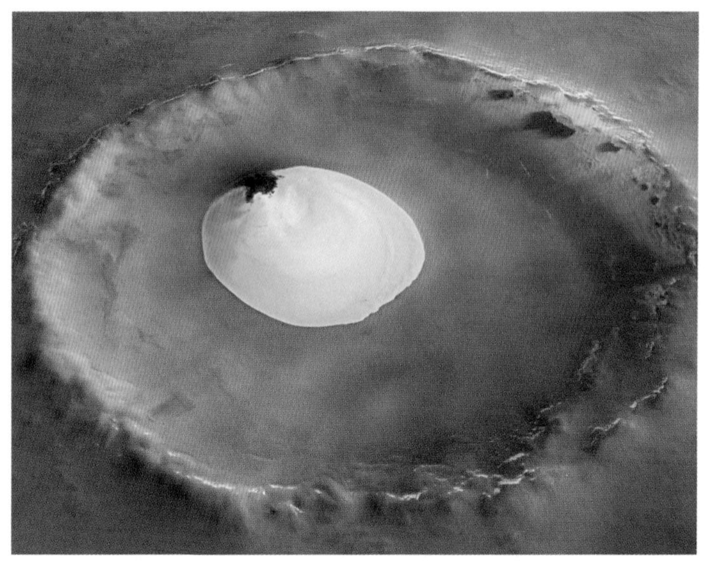

◀ 残留在火星“北方大平原”（Vastitas Borealis）环形山中冰凝状态的水。此透视图由欧洲航天局“火星快车号”上搭载的高分辨率立体相机（High Resolution Stereo Camera, HRSC）拍摄于2005年。

▶ 火星车“好奇号”在火星蒙特默库山上的自拍全景图，摄于2021年3月26日。该图由火星车机械臂上的火星手持透镜成像仪（MALI, Mars Hand Lens Imager）拍摄的60张图片组合而成。

现在，它又成了人类希望之所在。新一代火星探索计划可能将解答我们层出不穷的问题：火星有着怎样的过去？它为什么失去了浓厚的大气？它拥有多少水？这些水又是以怎样的状态存在着？在火星诞生之初，它的表面是否有液态水？如果有，液态水存在了多久？火星在过去的某个时间段里是不是可以居住的？如果是，那么火星上是否曾经有过生命？现在会不会仍有生命存在于火星上？

卡米耶·弗拉马里翁关于火星文明和丰富植被的幻想已经是过去式了。探索火星生命的存在现在是一个严肃的、令人振奋的重大科学命题。从20世纪90年代中期一直到今天，人类在一步步向前迈进：从探测火星水过去和现在的存在情况，再到研究火星的居住条件，最后，我们走到了今天这一步——直接在火星上搜寻生命征迹（现在使用的技术比当年“维京号”着陆器使用的技术更加先进）。

美国“火星奥德赛号”轨道器于2001年进入环火星轨道，为后来的探测任务开辟了道路。随后，欧洲航天局于2003年发射了“火星快车号”。2004年，美国首批“真正的”火星车——“勇

“罗莎琳德·富兰克林号”

欧洲火星车“罗莎琳德·富兰克林号”计划于2022年9月发射并在2023年6月抵达火星，它将负责探测火星上是否存在过生命。为此，“罗莎琳德·富兰克林号”将着陆在火星的奥克夏高原，此处的地理环境利于微生物化石的保存，也适宜微生物存活（如果有的话）。火星车将会采掘火星地下两米深处的土壤样本并用车载实验室进行分析。这个雄心勃勃的计划将由欧洲航天局和俄罗斯共同开展。

2021 年 4 月 6 日，“毅力号”火星车与“机智号”直升机的自拍全景图。该图由“夏洛克”（SHERLOC，“宜居环境有机物和化学物质拉曼与荧光扫描探测仪）上装载的“华生”相机（WATSON，操作和工程用广角地形传感器）拍摄的 62 张图片合成。“夏洛克”探测仪就安装在“毅力号”机械臂上。

◀ 夜间，火星车“好奇号”在“坎伯兰”（Cumberland）进行钻孔工作，该图由安装在其桅杆上的 MastCam 相机拍摄于 2013 年 5 月 19 日。机械手臂上的 LED 灯照亮了火星土壤。

气号”和“机遇号”登陆火星（“索杰纳号”只是用来做个演示），他们的“妹妹们”在几年后也来到红色星球（2012 年的“好奇号”、2021 年 2 月的“毅力号”和小直升机“机智号”以及同年 5 月的中国“祝融号”）。也别忘了火星着陆器：2008 年，“凤凰号”降落在火星北极点；十年后，“洞察号”前来探测行星内部情况。环火星轨道也是热门目的地：美国分别于 2006 年和 2014 年发射了“火星勘测轨道飞行器”和“专家号”；印度在 2014 年开展了“火星轨道任务”，欧洲于 2016 年发射了“火星微量气体号”轨道器；2021 年，阿联酋“希望号”探测器进入轨道；中国也在 2021 年发射了“天问 1 号”。这些探测器对红色星球展开了全方位观测活动并得出了确凿的结论：自星球诞生之初到此后数亿年的时间中，火星表面都曾存在大量液态水（现在这些水以冰的形式存在着，或者蕴含在火星土壤中）。火星曾经适宜生命存活。火星车“毅力号”就是专门为探测现在及过去的生物征迹、采集土壤样本并送交地球最前沿的实验室而打造的。未来的欧洲火星车——“罗莎琳德·富兰克林号”（Rosalind-Franklin）的主要任务也是寻找生命遗留的痕迹。

火星车之后，火星宇航员？

21 世纪的头二十年里，大量火星车、火星着陆器和火星轨道器被送至红色星球。虽然大家已经习惯看到火星地表上多种多样的车轮印记了，但是很遗憾，目前尚未有人的脚印出现在它们中间。把重约一吨的火星车放到红色星球表面已经叫人伤透脑筋，让好几十吨重的载人飞船降落火星更是让人难以想象。况且，考虑怎么着陆火星之前，你还得先有个像样的火星飞船吧！

目前，人类尚未敲定任何火星载人探索计划，也就是说，火星探索的详细步骤，怎么去怎么回，还没被拿出来讨论过。现在的确已经有十几种方案正在酝酿之中，但由于缺乏政策和资金支持，我们还没有下定决心去执行其中某一个。当下，重登月球才是讨论的重心，所有人力和财力资源都在助力该任务的完成。

虽然我们并不知道航天机构具体什么时候才能向红色星球发射第一艘载人飞船，但我们确信，首次火星载人任务将是政府和商业机构多方合作的结晶（就像美国宇航局、欧洲航天局和 SpaceX 共同参与到重返月球任务中一样）。在这次任务中，宇航员们不会像以前那样仅代表某一个国家、只留下某国旗帜了，他们将在真正意义上代表全人类。

火星不及月球距我们近，这给探索火星带来了极大困难，因为如果想要在最短时间内完成火星探索任务，那么就要等每 126 个月来临一次的发射窗口期。再看看月球呢？任何时候发射都行。不仅如此，我们还需要让飞船模拟实际载重于火星上数次测试着陆，在火星上提前设置居住点并放置物资、设备、食品、可载人的加压火星车、返回用交通工具以及生产燃料和水的系统——调试好以上任务涉及的系统和设施，保证它们能稳妥运行还得花上很多年。要知道，一次性把所有东西都送去火星是很难办到的。

火星相对于地球的距离和位置并非永恒不变，这也对火星任务的时长构成了限制。目前有两种可行的地火航行方案。和以往的机器人探测任务一样，在这两种方案中，宇航员们都会选择抓住最佳时机出发，在 180 天内飞抵火星。这也是最短去程耗时。不过这两种方案在火星停留时长上有差异：我们在火星上要么

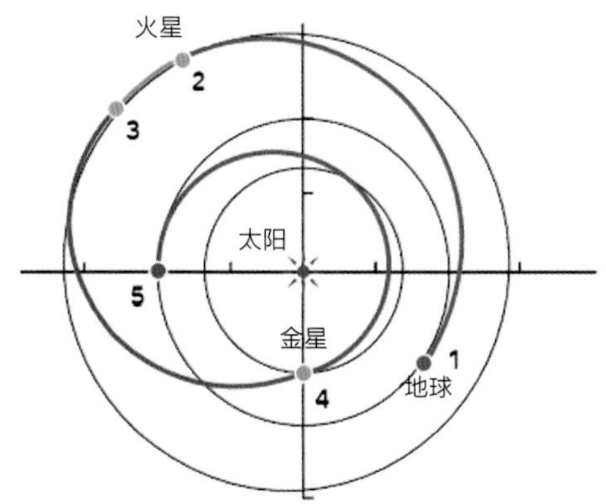

冲点航行路线
（耗时 640 天，其中 30 天待在火星上）

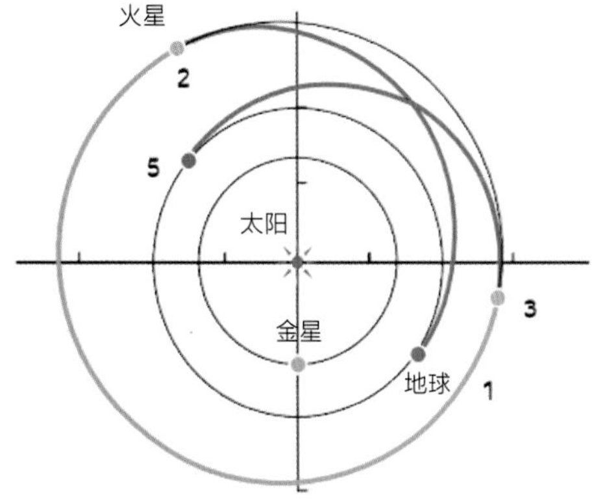

合点航行路线
（耗时 910 天，其中 550 天待在火星上）

停留 30 天，要么 550 天（差不多一年半了！）。

在第一种方案中，回程时间会更加漫长（430 天，比 14 个月多一点），而且我们需要经过金星，但是任务总时长“仅”为 640 天（不到两年）。在第二种方案中，只需要等到各行星的相对位置比较合适，我们就能将回程时间尽量缩短，最短可以和去程时间差不多（180 天）。但是任务总耗时比上一种方案更长（910 天，即两年半）。这种方案既适用于火星登陆探索，也适用于环火星轨道停留。我们可以像“阿波罗 8 号”和“阿波罗 10 号”任务里那样，在不登陆目标星球的情况下进行实地测试和演练。

但是，不管选择哪种方案，参加任务的几名宇航员都需要在距离地球几亿千米远的深空极端环境中生活差不多两年，没有紧急逃生出口也不可能中途折返。在火星上，哪怕最普通的活动（为居住点加压、呼吸、吃饭、喝水、清洁身体、体型管理、在必要时进行自我治疗、保持良好的心态）也要依赖先进且完善的技术手段才能办到。此外，还要想办法保护宇航员免受宇宙射线侵害（来自遥远太空的高能粒子可能造成基因变异并引发癌症），但我们现在还拿不出解决方案。能搭载几个宇航员完成为期至少一年的往返之旅的飞船目前尚不存在；火星居住点更是没个影子；往返航行和驻留期间确实可以使用同一个居住设施，但这个设施也还没有问世；人们对如何让十几吨重的东西在火星上降落以及如何让它从火星上再次起飞毫无头绪；能适应火星条件的宇航服还没开发出来；能为宇航员生产新鲜食物的装置还一直处于测试阶段……

简而言之，人类还没有为火星探险做好准备，我们可能还要等几十年才能看到第一批人类踏上红色星球。

飞向火星：当下进展

不过，我们有好几个理由对火星之旅持乐观态度。比如，作为火星载人探索的演练，我们的重返月球计划在一天天成熟。预算支持和政治支持形成合力，重返月球计划的每一步都将走得稳稳当当。而且，已经有火星探索计划获得资助，火星实地实验也正在开展：“毅力号”上就装载着“火星氧气原位资源利用实验设备”（MOXIE），它是为测试载人登陆火星的必备技术——用火星大气中含量达到 96% 的二氧化碳制造氧气——而打造的。二氧化碳分子由一个碳原子和两个氧原子组成，而“MOXIE”的功能则是将碳和氧分离，只保留后者，然后向火星大气中排放一氧化碳。2021 年 4 月 20 日，这项技术首次在火星进行实地测试，加热过程长达两小时（化学反应要在 800 摄氏度的条件下进行），设备在一小时里造出了 5.4 克氧气，足够一个人呼吸 10 分钟。

这办法行得通！虽然产量看起来是有点微不足道，但这仅仅是次技术演示，科学家和工程师们只是想知道在真实的温度和压力环境中，这个设备能否在无人直接干预的情况下制造氧气。用地外星球资源首次生产出氧气是一次了不起的胜利，这也为未来的探索带来了一线曙光。

在火星上制造氧气与其说是为了满足宇航员呼吸（虽然这明显也是可行的，而且比我们自带氧气成本低得多），不如说是为了能让宇航员顺利离开：为了在火星上再度起飞，火箭不仅需要燃料，还需要氧气来让燃料燃烧。要让总共搭载四人的飞船从火星上起飞，我们需要重达七吨的燃料和……二十五吨的氧气，而四个人在火星上生活一年只需要约一吨氧气。越是能

▲ 火星莫瑞孤峰群全景图，由“好奇号”火星车上的100毫米焦距桅杆相机（Mastcam）拍摄于2016年8月3日。我们可以在后面看见夏普山麓。

充分利用火星资源生产物资，能省的钱就越多，风险也会越小（这点尤其重要）。

“毅力号”上的“MOXIE”是火星制氧的希望所在。火星大气中存在大量二氧化碳，而“MOXIE”恰好可以利用它们来生产氧气。未来，我们可以将一个“超级MOXIE”提前送到火星居住基地，该基地将不断制造并储存氧气，从而为首批火星宇航员的到来做好准备。

虽然目前生产的氧气量不多，但我们起码有了努力的方向。连能否造氧气都不知道就直接让火星宇航员们尝试登陆是极不明智的冒险行为。火星车无人探测任务可以帮助我们对载人任务进行预演。除了测试制氧以外，“毅力号”火星车还会收集土壤样本并将其储存在试管中。如果一切顺利，美国宇航局将和欧洲航天局合作，于几年后发射探测器前去火星回收样本，土壤样本预计将在 2031 年前后被带回地球。

这次“火星取样返回任务”（Mars Sample Return）既会用到目前已掌握的技术（比如，发射轨道器；让火星车着陆后前去收集试管并将其放在小型火箭上），也会创造许多“第一次”（从火星上起飞；在环火星轨道上让带着样品的火箭和将样品带回地球的飞船实现对接）。这将是一个极其复杂的任务，尽管涉及的载重只有十五千克左右……如果任务能取得圆满成功，那确实是一个好兆头。但也别高兴得太早，要让火星飞船具备载重几十吨的能力还需要我们付出更大的努力。

总而言之，虽然重返月球已经有了眉目，且很可能在 2030 年到来之前实现，但登陆火星离我们还是很遥远。不过，随着当下和未来的火星探索任务（包括现在正在筹备的样品返回计划[1]）的进行，载人登陆火星任务成功的可能性也在慢慢地、稳步地提升。没准儿我们在世纪末之前就能踏上火星呢?

---

① 除了美欧的“火星取样返回计划”之外还有日本的“火星卫星探测计划”（MMX），后者预计将带回从火星的卫星福波斯上收集的几克样本。——译者注

▶ 火星土壤样本飞离火星。美国宇航局与欧洲航天局将合作开展“火星取样返回任务”，此为艺术家以该任务为主题创作的概念图，发表于 2011 年 6 月 20 日。

第五章

驶向群星，直到更远！

银河系的卫星星系——小麦哲伦星系中正在形成的疏散星团 NGC 602。此为哈勃太空望远镜获取的图像。我们可以看到，闪耀的蓝色新星们将星云挖出了空洞，指向星星的尘埃柱们被光所侵蚀。

星际旅行

“古往今来，很多科幻作品都预言过人类将在某天离开地球去探索其他星系。从 19 世纪问世的第一批探月故事开始，科幻小说不断向我们展示着太空旅行的巨大潜力。

离开地球，去往那怀抱着各种奇异星球的无尽深空——这往往是太空歌剧的主题。太空歌剧奠基之作当属《宇宙云雀号》（*The Skylark of Space*）。它是由美国作家爱德华·埃尔默·史密斯博士（E. E. "Doc" Smith）创作的科幻小说，于 1928 年 8 月到 10 月期间在美国杂志《惊奇故事》上连载。在《宇宙云雀号》之后，大量同类科幻作品涌现，如亚瑟·克拉克的《2001 太空漫游》和波尔·安德森（Poul Anderson）的《宇宙过河卒》（*Tau Zero*），它们都讲述了飞出封闭熟悉的地球空间展开星际冒险的故事。这些幻想小说深深震撼了读者。虽然星际旅行是重要的科幻母题，但在现实中尚没有大型航天机构将其提上议程，因为它太难办到了。然而，不少工程师和科学家都认真探讨过这个话题，并酝酿出了‘代达罗斯计划’（Daedalus, 1973—1978）‘远射计划’（Longshot, 1987—1988），和近些年的‘突破摄星计划’（Breakthrough Starshot, 2016）。

几个世纪后，我们的子孙会建成星际旅行飞船然后登陆群星——这个预言难道真的那么荒诞无稽吗？”

▶ 艾萨克·弗罗斯特（Isaac Frost）绘制的地图，查布和索恩（W. P. Chubb & Son）负责雕刻，1846 年由乔治·巴克斯特（George Baxter）印刷发行于伦敦。艾萨克·弗罗斯特是科学家，同时也是马格莱顿教派信徒，这张地图展示了他的“太阳系居于宇宙中心”之假说。

Drawn by Isaac Frost.

Engraved by W.H. [illegible] Son 7 Charterhouse St.

THE NEWTONIAN SYSTEM OF THE UNIVERSE.

Printed in Oil Colors by G. Baxter Patentee, 11, Northampton Square.

相距甚远

星际旅行之所以难是因为星星之间的距离太过于遥远。为了让大家直观地理解这一点，我们来打个比方。首先，让我们把直径约 140 万千米的太阳看成一个直径 1 厘米的弹珠。按这个比例，那地球就只是一个离太阳弹珠 1 米多远的，直径 0.1 毫米的点。而太阳系第八大行星——海王星的公转轨道在距离太阳 32 米远处。照这样推算，离地球最近的恒星系统——半人马座阿尔法星系，则处在距太阳 292 千米处。

我们还可以用光到达各天体所需的时长来衡量距离大小。一秒能走三十万千米的太阳光只需 500 秒便可到达地球。而半人马座阿尔法星系主要恒星的光要来到地球得走上 4.3 年。1977 年 9 月 5 日发射的“旅行者 1 号”探测器是现在离地球最远的人造飞行器，它的信号需要花21小时以上的时间才能返回地球。“旅行者1号”的飞行速度略低于 17 千米 / 秒，也就是说，在到达半人马座阿尔法星系之前它要飞上近 76500 年!

现在大家肯定都明白了，各星之间的距离确实远得骇人。如果要在可接受的时长内到达目的地，宇宙飞船必须飞得无比快。该怎么办呢?

1903 年，齐奥尔科夫斯基在《利用反作用力设施探索宇宙空间》中描述了利用反作用力摆脱地球引力飞抵其他行星的火箭。他指出，火箭最终速度和喷气速度以及火箭初始质量与最终质量之比相关（请参看本书第 23 页框中文字）。因此，第一个解决方案，也是最容易想到的方案，就是通过在火箭的超大贮箱里装上大量推进剂混合物来增加这个比值。可是问题来了，火箭携带的推进剂越多，需要的推力就越大，这是个没完没了的循环。所以，想靠这个办法实现高速飞行是不现实的。我们确实可以“耍心眼”，建造多级火箭。在飞行的不同阶段，多级火箭可以抛掉一些质量，从而达到更高的速度，因为需要子级推进的火箭质量将会越来越少。

但是，不论是单级还是多级，传统火箭始终像一个超大的推进剂贮箱，能带的有效载荷实在太少。为了获得超高的最终速度，只有一个办法，那就是提高推进气体的喷射速度。

核动力推进

传统火箭是靠化学动力（燃料和助燃剂间的反应）推动的。化学反应释放出能量，加热反应产生气体混合物，

◀ 位于智利阿塔卡马沙漠的帕瑞纳天文台，其上空可见南天星座（南十字星座、船底座）以及半人马座阿尔法星和贝塔星。本图摄于 2014 年 3 月。大麦哲伦云在最左下方可见。帕瑞纳天文台拥有得天独厚的自然条件——明净的天空。全世界最重要的一批天文望远镜也坐落于该天文台，其中就包括了欧洲甚大望远镜（VLT, Very Large Telescope）。

气体再通过喷管排出，从而推动火箭。尽管这种情况下达到的喷射速度不算特别高，可能只有3~5千米/秒级别，但胜在产生的推力强大持久，足以让火箭克服地球的引力。

第二次世界大战之后，核能应用成了热门话题。1947年，两个曾为“曼哈顿计划”（目标是制造首批核武器）服务的数学家——斯塔尼斯拉夫·乌拉姆（Stanislaw Ulam, 1909—1984）及其搭档科尼利厄斯·埃弗雷特（Cornelius Everett）开始设想用核能推动火箭。在英国，核物理学家莱斯利·谢泼德（Leslie Shepherd, 1918—2012）和火箭工程专家瓦尔·克利弗（Val Cleaver, 1917—1977）也分别对核能驱动火箭展开过研究，并在1948年到1949年间在英国星际学会所属杂志上发表过系列文章。1952年，正是在这份期刊上，一篇开创性的论文与读者见面了，它来自谢泼德，题为《星际飞行》（*Interstellar flight*）。谢泼德提出使用核裂变、核聚变甚至物质与反物质之间的湮灭反应来驱动火箭。

使用以上反应进行航天器推进的想法听起来实在诱人，因为它们产生的能量比燃烧反应要大得多。事实上，在化学反应或者核反应中，产物总质量要小于反应物总质量。根据爱因斯坦闻名遐迩的等式 $E = mc^2$，质量亏损后，会有能量释放出来。在化学反应里，由于质量的相对变化极小（大约是十亿分之一级别），所以，就像化学家安托万·拉瓦锡（Antoine Lavoisier, 1743—1794）所说的，我们可以认为“在化学反应中，物质的质量在每一反应之终与每一反应之始是相等的，……只是发生了些转变”。与化学反应相反，

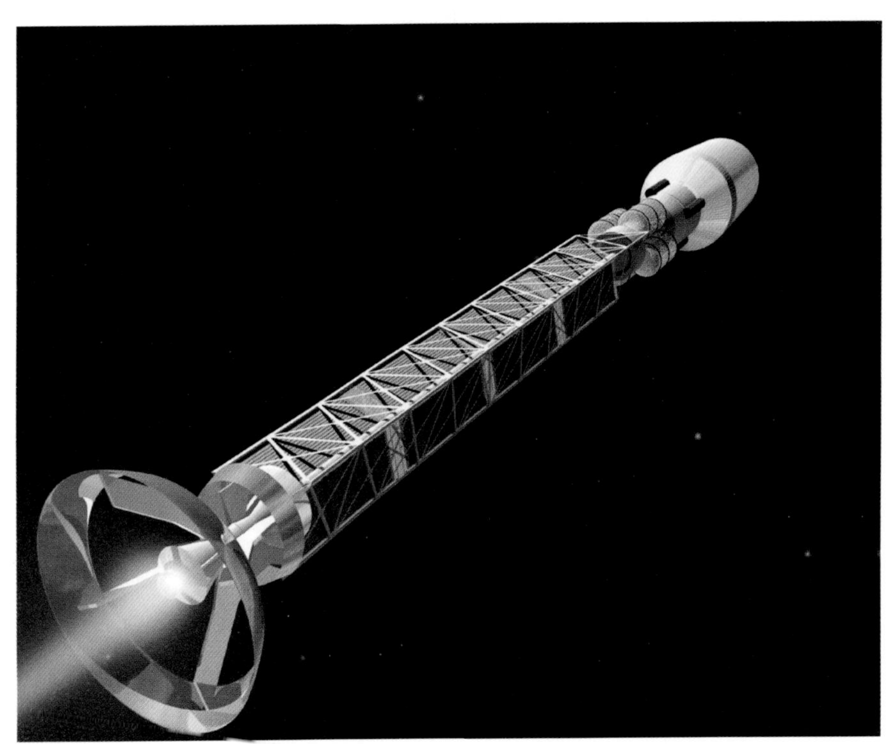

◀ 艺术家构想的反物质推进系统概念图，绘于1999年。物质和反物质间的湮灭反应可以释放极高强度的能量，比氢氧燃烧产生的能量密度强约100亿倍。然而，反物质在自然中并不存在，必须人工制取。

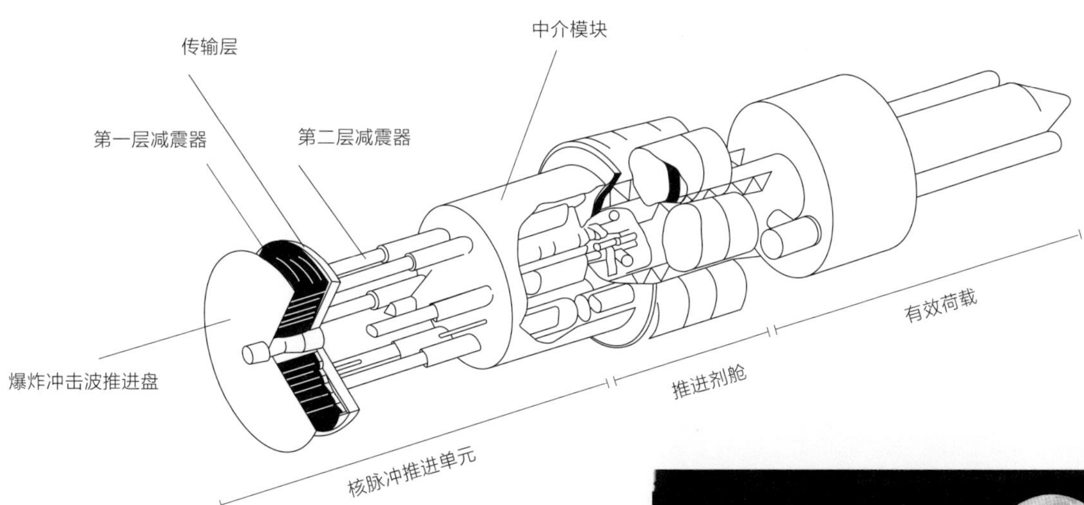

▲ 美国猎户座核脉冲推进系统概念图（1964）。飞行时，火箭后面会投下小核弹，爆炸防护罩和减震器将保护船上人员并将爆炸产生的部分能量转化为推进力。

核裂变产生的相对质量变化大小略小于千分之一，核聚变引起的相对质量变化大小能达到 0.4%。而当物质和反物质相遇时，所有质量都被转化为了能量……

有了这样高的能量转化效率，火箭可以达到相当可观的速度，大概在光速的百分之几到三分之一之间。但我们还需要先建造一个能够利用反应产生的粒子进行喷射的“引擎”。而且，反物质推进还给人类出了些其他难题……

用核能推进火箭有多重途径。乌拉姆阐明了初步设想之后，“猎户座计划”就拉开序幕，这是人类打造核动力火箭的首次尝试。1958 年，美国物理学家西奥多·泰勒（Theodore Taylor, 1925—2004）和弗里曼·戴森（Freeman Dyson, 1923—2020）指出，可以在火箭后面不断投下小型核弹，由安装在减震系统后的大金属盘将爆炸冲击波接收转化为推力。这就是“猎户座”飞船的飞行原理。但是，1963 年，就在古巴导弹危机后不久，由于美国和苏联签署了《禁止在大气层、外层空间和水下进行核武器试验条约》，项目被叫停。2003 年，BBC 还推出了名为《借由原子弹抵达火星：猎户座计划秘史》(*To Mars by A-Bomb: The Secret History of Project Orion*）的纪录片，对“猎户座计划”加以了详细介绍。

▼ 英国星际学会的“代达罗斯计划”，该飞船由氘和氦 -3 的热核聚变提供动力。本图由科幻艺术家大卫·哈迪（David A. Hardy）绘制于 20 世纪 70 年代。图中，飞船正途经海王星和它的卫星海卫二。

1959 年到 1961 年期间，美国航天工程师丹德里奇·麦克法伦·科尔（Dandridge MacFarlan Cole, 1921—1965）也对用核爆炸推动飞船开展了研究。不过，他设计的发动装置将比猎户座发动机的运作效率更高。核爆炸预计在一个宽大的球状舱室中产生，由喷管将冲击波引向火箭后方。在 1973 年到 1978 年间，以阿兰·邦德（Alan Bond, 1944—）为首的十几位科学家和工程师在英国星际学会的支持下研究如何将一个自动探测器送往邻近恒星。他们当时打算给“代达罗斯号”飞船安装一个核脉冲推进器，就像“猎户座计划”中的那样。不过，这个推进器用的是两个轻原子核（氘和氦 -3）之间的热核反应：每秒用电子束轰击 250 个氘和氦 -3 混合燃料球，产生的高温等离子体将由强磁场引导以产生推力。“代达罗斯号”飞船初始重量为 54000 吨，将在环地轨道上完成修建。虽然飞船总重量相当大，但是它只带有 500 吨的有效科学载

▲ “向着群星前进！”——1965年，比利时雅克牌巧克力（Chocolat Jacques）收藏卡合集的封面图。图中勾勒的这种光子火箭被认为是“极具价值和潜力的研究对象，它有望达到光速”。

荷，剩下的是重达50000吨的燃料……“代达罗斯号”有两级，第一级将会在飞行两年内让速度达到光速的7.1%；两年后，负责接力的第二级发动机将花1.8年让飞船加速到光速的12%，达到36000千米/秒。按这个速度飞行46年后，“代达罗斯号”最后将抵达它的目标、据我们5.9光年远的巴纳德星。

建造飞船本就已经是非常宏大的工程了，更何况地球上氦-3资源稀缺，我们还要寄希望于用无人热气球从木星大气中开采氦-3。因此可以说，“代达罗斯号”只是工程师们的一场美梦。在20世纪90年代前后诞生的几个计划——“远射”（Longshot）“美杜莎”（Medusa）“维斯塔”（Vista）——都受到了“代达罗斯计划”的影响并对其思路做出了改良。

当然还存在着其他核能应用方案。比如，与其直接使用核爆炸的能量，不如收集反应堆产生的能量来加热气体（如氢气），然后将它高速喷出以产生推力。正如我们之前所谈到的，这也是美国宇航局在 1960 年至 1972 年期间开展的“核热火箭发动机”（NERVA）项目的核心概念（请参看本书第 94 页）。“NERVA”之后，人们构想了许多类似的推进器。从理论上讲，核热发动机的喷射速度比化学发动机高出两到三倍。

核热推进虽然不足以支持我们开展恒星际旅行，但它可以大大缩短我们前往火星的用时。想到有朝一日可以用核热火箭将宇航员送往红色星球，美国众议院于 2019 年 5 月同意向美国宇航局拨款 1.25 亿美元用于开发这种核热动力推进器，美国国会后期还追加了 1 亿美元。2021 年 4 月，美国国防高级研究计划局（Defense Advanced Research Projects Agency）表示将在 2025 年推出核热推进原型飞船“德拉科”（DRACO，Demonstration Rocket for Agile Cislunar Operations，“地月间敏捷火箭行动演示”）。“德拉科”将执行月地往返任务，它能提升我们在太阳系内航行的速度。

最后要提到的第三种方案是利用反应堆产生的电能将气体电离并高速排出。这种推进方式也属于电力推进的一种。欧洲的“智慧 -1 号”（Smart-1）探测器和美国的“深空 1 号”（Deep Space 1）以及“黎明号”（Dawn）探测器都使用电力推进。如果我们将这些探测器的太阳能板换成核反应堆，那产生的能量将更可观而且可以无视与太阳间的距离限制。遗憾的是，这种推进方式产生的推力尚不足以将人造卫星送上地球轨道。不过，由于推进器的喷射速度很高，所需的喷出质量可以相应减少：正是借助这一点，美国探测器“黎明号”在进入谷神星轨道（2015）之前成功进入了环灶神星轨道（2011—2012）。

反物质推进

英国物理学家保罗·狄拉克（Paul Dirac，1902—1984）首先提出了反物质概念。当时，狄拉克用一种新粒子——正电子来解释量子物理方程令人意外的解。正电子的质量与电子相同，但带有相反的电荷。一年之后，美国物理学家卡尔·安德森（Carl Anderson，1905—1991）在研究宇宙射线的过程中证明了这

▼ P170：从左到右，从上到下：弗兰克·保罗为美国杂志《奇幻历险》（*Fantastic Adventures*）封面文案所作插画（分别来自 1945 年 10 月第 7 卷第 4 期、1946 年 8 月第 20 卷第 5 期、1944 年 9 月第 18 卷第 4 期、1943 年 8 月第 17 卷第 8 期）。

P171：弗兰克·保罗为该杂志 1946 年 2 月第 8 卷第 1 期封面文案所作的配图。亨利·盖德（Henry Gade）的配文是这样描述贯索四的：“贯索四（Alphecca）是北冕座中的一颗恒星。它与太阳差不多大小，可能也有一组类似于太阳系诸行星的行星。”贯索四的居民靠电磁驱动的全地形球进行移动。

► 弗兰克·保罗为《奇幻历险》杂志 1946 年 5 月第 8 卷第 2 期绘制的封面文案图。文字由亚历山大·布莱德（Alexander Blade）撰写：“开阳星是大熊星座里的一颗恒星……太空中的不同行星肯定孕育了各种不同文明。”此为绕开阳星转动的某行星上的景象，我们可以看到，有些城市飘浮在半空之中。

STORIES OF THE STARS—MIZAR

Mizar is a star in the constellation known as Ursa Major. It is a giant world similar to our solar system's planet, Neptune. Space must be filled by planet civilizations. Artist Paul has pictured one here. For details see page 178.

STORIES OF THE STARS . . . ANDROMEDA

This constellation is noted for its great nebula, one of the most spectacular in all the heavens. Its major star is Alpheratz. (See page 176 for details)

THE GREAT NEBULÆ

ALPHERATZ

ANDROMEDA

STORIES OF THE STARS – ALPHECCA

Alphecca is a star in the constellation known as Corona Borealis. It is about the same size as our own sun, and could quite possibly have a family of planets similar to the solar system. For the details on such a planet, please see page 178.

反物质推进飞船设计图

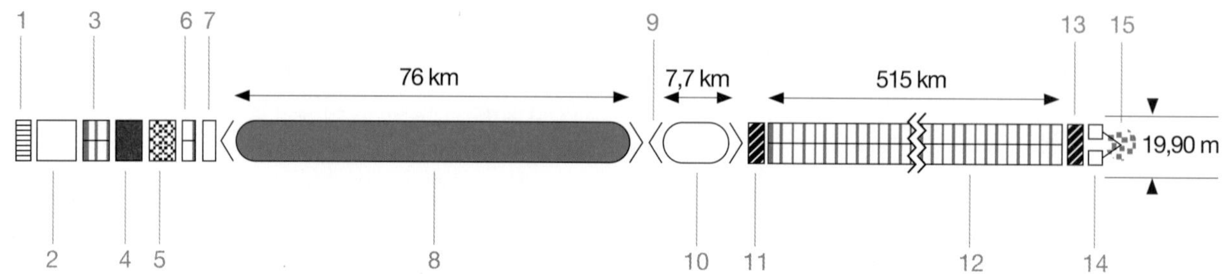

（1）星际尘埃防护罩
（2）能量供给系统
（3）能量供给系统散热装置
（4）有效荷载（100 吨）
（5）航天器系统
（6）制冷系统散热装置
（7）制冷系统
（8）固态反氢贮箱
（9）贮箱防热层
（10）液态氢贮箱
（11）飞船防护层
（12）防护层散热装置
（13）散热装置防护层
（14）磁场产生装置
（15）湮灭反应区

种假想粒子的存在。大型粒子加速器的问世更是为反物质研究开辟了道路，1955 年，物理学家埃米利奥·塞格雷（Emilio Segrè, 1905—1989）和欧文·张伯伦（Owen Chamberlain, 1920—2006）利用加速器发现了反质子。反粒子最为显著的特性就是它可以和对应粒子产生湮灭反应，将整个质量转变为能量。反物质因此备受科幻作家青睐，它在科幻作品里往往被用来制作可以摧毁一整个行星的强力武器。有些科幻作品也使用反物质来驱动星际飞船。就在莱斯利·谢泼德关于星际旅行的文章发表后不久，《星际迷航》（*Star Trek*）系列电视剧问世。驱动剧中飞船“企业号”曲速引擎的就是正反物质间的作用，剧里还用到了一种虚拟水晶“二锂”来控制湮灭反应。

谢泼德之后的物理学家们，比如，美国人罗伯特·福沃德（Robert Forward, 1932—2002）、罗伯特·弗里斯比（Robert Frisbee）以及意大利人乔瓦尼·武尔佩蒂（Giovanni Vulpetti, 1945—）将粒子物理学的新研究成果利用了起来，进一步明确了用反物质推进航天器的设想。他们都清楚，由于反应产物的特性，并不是所有反应产生的能量都可以被用于推进。但是，仅是可使用部分的能量就已足够让喷射速度达到三分之一光速了，也就是说能比现在的化学推进器喷射速度快一万倍。虽然喷射速度很快，但是质量流率却很小，因此推力（大小等于喷射质量流率与喷射速度的乘积）也就相对较小。要增加推力也就需要增加湮灭反应的频次。湮灭反应产生的巨大能量中有一部分并不直接用于推进，为了保护飞船和船上人员，我们必须消除

▶ 由吉恩·罗登贝瑞（Gene Roddenberry）担当编剧的美国电视剧《星际迷航》（*Star Trek*, 1987—1994）中的一幕。我们在图中看到的是“企业号”（USS Enterprise NCC-1701-D）飞船。

这部分“无用”的能量，因此，飞船上需要安装巨大的辐射散热板将能量疏散至宇宙空间，但这也将大大加重飞船负荷。

另外，还有一个需要解决的问题，那就是自然中根本不存在反物质。我们必须生产足量反物质并且将其成功储存起来，方可加以使用。反物质可不是随便找个盒子就能装起来的！在 2003 年发表的一篇文章里，福利斯比描述了一种用反物质驱动的假想飞船，它的加速度可以达到重力加速度的百分之一（0.01g）。这艘飞船体型巨大，重量达几百万吨，直径 19.9 米，长 600 多千米，其中 515 千米都是大型散热装置。而提供能量的反物质——低温固态反氢将被储存在一个 76 千米长的贮箱中……根据福利斯比的研究，如果这种飞船走出 40 光年的距离（其最大速度可达光速一半，旅行耗时 128 年），那将消耗几百万吨的反物质！而欧洲核子研究中心（CERN）已经指出，该中心的设施如果以最大功率运行，每分钟能够产生一千万个反质子。假设反质子能完全转化为反氢（实际上并非如此），那仍需要十万年才能产生百万分之一克的反氢。因此，反物质推动并不是一朝一夕就能实现的……

无须赘言，飞船要达到能够进行星际旅行的超高速，首先得带上支持其加速的足量燃料。不过，最理想的还是能够完全不要燃料或者只带一部分。

帆上之光

如何在没有燃料的情况下推进飞船？第一个办法就是利用光对镜子产生的微弱光压。光能对物体产生推力算不上什么新发现了。德国天文学家约翰内斯·开普勒曾指出：彗星的尾巴总是背朝太阳，这是因为太阳光对彗星施加了力。19 世纪，苏格兰物理学家詹姆斯·麦克斯韦（James Maxwell, 1831—1879）提出了光的电磁理论并推证出光可以向物体施加压力。这个结论在 1899 年被俄罗斯物理学家彼得·列别捷夫（Piotr Lebedev, 1866—1912）首次用实验证明。光压产生的效果很难呈现出来，因为它过于微弱，大小与光强和光速的比值成正比。在地球所处的地方，太阳辐射产生的推力效果大概等于一千克重量物体在一平方千米面积上产生的压强。

虽然光压微不足道，但是从 20 世纪 20 年代开始，俄罗斯航天先驱康斯坦丁·齐奥尔科夫斯基和拉脱维亚工程师弗里德里希·灿德尔还是对光推动飞船的点子产生了兴趣。1924 年，灿德尔提议用“照射到超薄的巨大反射镜上的太阳光所产生的推力获得宇宙速度”。灿德尔明白，太阳辐射产生的压力实在太小了，所以为了尽可能多地捕捉太阳光，那就要造出足够大的镜子。而且，这些“帆”应该用极轻的材料制作，从而使加速效果达到最佳。1929 年，约翰·德斯蒙德·贝尔纳（我们在聊空间站时遇到过他）也提议在遨游太空时使用太阳光压：“我们将想出用光而不是用风的深空航行之法。有着几公顷大的巨型金属翼的太空飞船能够飞到海王星轨道。为了进行加速，飞船将迎风换舷，进入太阳的引力场，然后在全速经过太阳时再次满帆起航。”

▶ 用哈勃太空望远镜获得的仙女座棒旋星系 NGC 7640 图像。银河系也是一个棒旋星系。图上的 NGC 7640 并没有呈现明显的螺旋形状，因为这是侧面图。

CORGI

EDITED BY WILLIAM F. NOLAN

A WILDERNESS OF STARS

INCLUDING STORIES BY
ARTHUR C. CLARKE
RAY BRADBURY
POUL ANDERSON
ROBERT SHECKLEY
AND
WALTER M. MILLER JR.

▶ 2020 年 2 月 9 日从“光帆 2 号”太阳帆处拍摄的红海和尼罗河照片，此为后期上色版。

◀ 短篇小说集《星之荒野》（*A Wilderness of Stars*，1969 年）的封面。小说集由威廉 · 诺兰（William Nolan）整理汇编，布鲁斯 · 潘宁顿（Bruce Pennington）绘制插图，1972 年由柯基图书（Corgi Books）发行。

和以前一样，科学新发现让科幻小说家脑洞大开。1961 年，科幻小说作家兼编辑热拉尔 · 克莱茵（Gérard Klein, 1937—）以笔名“吉勒 · 达尔吉尔”（Gilles d' Argyre）发表了小说《太阳帆船》（*Les Voiliers du soleil*）。这是科幻史上首部畅想太阳帆应用的作品，和美国科幻作家考德维纳 · 史密斯（Cordwainer Smith, 1913—1966）的小说《驾驶灵魂号的女士》（*La Dame aux étoiles*，英文名：*The Lady who Sailed the Soul*）地位相当。克莱因对太阳帆飞船的描述如下：“它好像一朵花，盛开的闪耀花冠呈圆形，直径达好几千米。这花就是太阳帆。它的外表和地球上那些迎风鼓起的方形或者三角形帆不一样。太空中半点微风也无，唯一存在于此的风来自太阳，那就是太阳光。”用太阳光在太阳系内移动，皮埃尔 · 鲍李（Pierre Boulle）的小说《人猿星球》（*La Planète des Singes*，1963）和亚瑟 · 克拉克的《太阳帆船》（*Sunjammer*，1964）中也提到了这个办法。克拉克还是首个幻想用太阳帆展开地月之旅的作家。

日本在 2010 年发射的卫星“伊卡洛斯”将太阳帆设想付诸实践。这颗卫星重达 315 千克，配备了边长 14 米的方形帆，帆的厚度仅为 7.5 微米。卫星依靠着太阳帆产生的推力在太阳轨道上进行飞行，绕日一周耗时约 10 个月。2019 年发射的美国行星协会“光帆 2 号”航天器上则安装了一个面积达 32 平方米的太阳帆。“光帆 2 号”的任务目标是验证太阳光推力可以部分补偿残余大气对航天器产生的阻力。

虽然以上的太阳帆飞行任务都取得了成功，但是太阳帆仍然没有被应用到真正的星际航行中。理由很简单：太阳光产生的推力在地球这个位置已经很弱了，离太阳距离再远些就会更弱，因此我们不可能用太阳帆去飞往其他恒星。

为了解决这个问题，美国物理学家罗伯特·福沃德在他发表于 1984 年的文章中提议，不妨将太阳光换成环地轨道上架设的强力激光发射器发出的光束。两年后，他在自己的科幻小说《蜻蜓号之行》（*Le Vol de la Libellule*）中就是这么设定的。由于恒星间距离过远，为了聚光，福沃德还用到了一个巨大的菲涅尔透镜，就是灯塔上的那种，不过这次这个透镜的直径可以达到 1000 千米。一个重 780 吨、直径 100 千米的光帆，在激光器发射的 7.2 万亿瓦功率的光束（这股能量是巨大的推动下），飞行速度可达光速的 21%。为了让即将进入半人马座阿尔法星系轨道的有效载荷减速，福沃德还提出了一个大胆的设计方案：光帆可以由两个同心圆组成，中心是一个直径 30 千米的圆盘，圆盘有一个大圆环外缘。在接近目标星系时，带着有效载荷的内部帆部分会和外环帆部分分离。早在四年前，激光功率已被增至 26 万亿瓦。此时，外环部分由于接收光压的表面积更大，所以会走在有效载荷的前面。外环承受的光还会被反射到内部帆上，从而帮助有效载荷部分充分减速并进入半人马座阿尔法星系轨道，这趟旅行总耗时将为 41 年。

2016 年，俄罗斯亿万富翁尤里·米尔纳（Iouri Milner, 1960—）启动“突破摄星计划”，其直接灵感来源就是福沃德的描述。在“突破摄星计划”中，人们将向半人马座阿尔法星系发射数千个装有 4 平方米面积光帆、重量仅为几克的太空探测器。这些轻巧的探测器会由功率 1000 亿瓦的激光加速 10 分钟，最终速度可达到光速的 20%。由于发射的探测器总数大，因此可以有效弥补旅途中的损失（就像海龟宝宝们重返大海一样……）。

星际“吸尘器”

依靠激光产生推力有两点优势：首先，太空飞船再无须带上推动引擎；其次，虽然光推力产生的加速效果比较微弱（就算是使用高强度激光），但好在加速能持续很长一段时间。而对于传统火箭来讲，在长时间内持续加速是不现实的，因为持续加速要求的初始质量和最终质量之比很大，大到几乎无法实现。不过，1960 年，美国物理学家罗伯特·巴萨德（Robert Bussard, 1928—2007）在《宇航学报》（*Acta Astronautica*）上发表文章，给出了一个能连续推进飞船的方案。受冲压发动机工作原理启发，巴萨德认为，飞船上可以安装巨大的磁“网”，用它去收集星际空间中的氢作为燃料。飞船的高速移动能够压缩收集到的燃料使其发生核聚变反应。聚变释放出能量加热产生的气体，飞船由高速排出的气体驱动。这个想法极具诱惑力：飞船飞得越快，收集燃料的效率就越高，那么生产的能量也就越多，因而能支撑飞船进行持续加速。但是，一旦飞船静止，这个装置将无法发挥作用。所以飞船必须先获得足够的速度来产生某种“相对风”，如此才能使燃料收集足够高效。这一点确实和冲压发动机很相似。

▶ 美国宇航局喷气推进实验室（JPL）推出的“未来愿景”系列海报之一。这张海报的主题是“TRAPPIST-1 星巡游”（2020 年 12 月 24 日发布）。该恒星距离地球约 40 光年远，它周围那些和地球大小相当的行星上可能含有水。

PLANET HOP FROM

TRAPPIST-1e

BHZ

VOTED BEST "HAB ZONE" VACATION WITHIN 12 PARSECS OF EARTH

55 Cancri e
lava life
Skies sparkle above a never-ending ocean of lava

RELAX ON
KEPLER-16b
THE LAND OF TWO SUNS
WHERE YOUR SHADOW ALWAYS HAS COMPANY

EXPERIENCE THE GRAVITY OF
HD 40307g
A SUPER
EARTH

VISIT THE PLANET WITH NO STAR
PSO J318.5-22
WHERE THE NIGHTLIFE NEVER ENDS!

通过在途中收集燃料来推动飞船，这个想法听起来太美好了，好得简直不像真的了。要想梦想成真，人类需要先搞定些棘手问题。首先，星际空间密度不高，太空比地球上最好的实验室能够造出来的真空还要空，因此必须使用一个直径达几千千米的磁阱才能收集到所需的氢。捕获范围太大，就目前而言还没有电磁铁能创造出这么大的强磁场。而且，这个捕捉装置只有在氢原子离子化时（也就是说它们失去了自己的唯一电子的情况下）才能运作。因为星际空间里的氢绝大部分是中性的，所以需要先发射强激光束，赶在飞船飞抵前将氢电离。更麻烦的是，氢的核聚变是一个缓慢的过程，实际上用氢的同位素氘要来得更快些。可是很不幸，在星际空间中，氘比氢要稀缺十万倍，采集起来就更困难了。最后，由于收集燃料和能量传递的过程中会有损耗（采集时，有一部分氢不能用来推进飞船；而且部分核聚变释放的能量会以光的形式辐射消耗掉，并不能驱动气体喷出），星际冲压发动机的工作效率会因此受到严重影响。

▲ 星际冲压发动机飞船，乔·贝热龙（Joe Bergeron）于2006年绘制的插图。有些人认为，使用冲压发动机可以达到极高的速度（甚至达到光速的可观比例）。

◀ 从左到右，从上到下。
美国宇航局喷气推进实验室（JPL）下属工作室制作的“未来愿景”系列海报，主题是太阳系外行星之旅（2020年12月24日发布）。海报上的说明文字分别是“55 Cancri e——熔岩般滚烫的生活，天空在一望无际的熔岩海洋上闪闪发光”“来开普勒-16b上放松一刻，这里有两个太阳，你的影子总是成双成对”“体验一下HD 40307g的重力吧，这是一个超级地球”“探访一颗没有自己的恒星的星球——PSO J318.5-22，黑夜永无尽头”。

在接下来的二十年里，数位科学家对巴萨德的原始方案进行了改进，提出了调整磁场大小、用超导磁铁来产生磁场、用碳原子核对氢核聚变进行催化等建议。

巴萨德的提案之所以具有很大的影响力，可能也有美国作家波尔·安德森（Poul Anderson，1926—2001）的一份功劳。在出版于1970年的小说《宇宙过河卒》（*Tau Zero*）里，安德森在冲压发动机上花了大量笔墨，写得十分细致。

该小说原名《永生》（*To Outlive Eternity*），曾刊载在1967年的《银河系》（*Galaxy*）杂志上。故事的主人翁是"莱奥诺拉·克莉丝汀号"飞船上的乘客们。这艘拥有巴萨德推进器的"莱奥诺拉·克莉丝汀号"正驶向室女座 β 星，那里离我们大概有36光年远。由于事故，飞船失去了减速能力，可是人们无法对飞船进行修理，除非让推进器停止运作；但一旦停止加速，飞船上的乘客们也将暴露在致命的辐射中。大家别无选择，只能持续加速。飞船的飞行速度因此极其接近光速……在时间膨胀效应（请参看本书第195页框中文字）和持续加速的作用下，这趟旅行变得惊心动魄。

不妨幻想一下：我们正乘坐飞船进行星际旅行。我们先是持续加速（加速度近似重力加速度，即1g），飞到一半时，又开始了1g的减速运动，直到我们到达最终目的地。如此一来，我们只需不到5个地球年的时间便可到达4.37光年外的半人马座阿尔法星系，而在飞船中，我们感觉只过了3.3年。这和电影《阿凡达》（*Avatar*，詹姆斯·卡梅隆导演，2009年）中"创业之星"的飞行情形有些类似。在片中，这艘飞船将人类带到了位于半人马座阿尔法星系的潘多拉星球。如果要去探访位于银河系中央、距我们26000光年远的超大质量黑洞人马座A*，那行程会更长些。飞船大概需要飞行26000地球年以上的时间，但在飞船上，时间仅仅流逝了二十多年。最后，如果想要飞去目前观测到的最遥远的星系、距离地球超134亿光年远的GN-z11，这并不需要花上一个人一生的时间，因为在飞船上只过去了将近50年……

未来

我们当然可以满怀信心地把未来的推进技术描述得天花乱坠，但有个难题我们无法回避：人类从哪里得到用于进行星际航行的能量？不论是克服地球引力飞抵月球和太阳系其他行星，还是挣脱太阳引力以驶向别的恒星，都需要能量，而且是很多能量。

让我们以"阿波罗计划"为例。当年，带着宇航员们飞向月球的是火箭"土星5号"。起飞时，"土星5号"发动机的总功率达到了1200亿瓦。在165秒的发动时间里，它们的功率大概等于120个现代核反应堆的功率，产生的能量约为全人类在1969年消耗能量的2%。让我们再来做个比较，想象一下一个装着1000吨有效载荷的飞船以十分之一光速向半人马座阿尔法星系飞行，飞行耗时大概为44年。飞船光飞行所需的能量就等于全人类一年消耗的能量总和。如果飞船的

▶ 安德森《宇宙过河卒》（1970）法语版封面，由法国艺术家芒舒（Manchu）绘制。此书在罗兰·勒乌克(Roland Lehoucq)和让-丹尼尔·布雷克（Jean-Daniel Brèque）支持下出版，由贝利阿尔出版社（Le Bélial）发行于2012年。

Poul Anderson
TAU
ZERO
Le Bélial'

加速度是 0.1g，那么飞船在为期一年的加速阶段消耗的能量将等于人类当下消耗能量的总和。

电影《阿凡达》里的“创业之星”飞船有着比这更加卓越的性能。“创业之星”载着上百名乘客到达潘多拉，而飞船上流逝的时间仅为“5 年 9 个月 22 天”。假设为了乘客的舒适度考虑，飞船以 1g 的加速度飞行，那飞船的巡航速度将约为光速的三分之二。这么算的话，飞船飞行所需要的能量将是人类一年消耗能量总和的十万倍……如果人类打算从自己几年的能量预算中抽出 1% 供一艘以 10% 光速飞行的星际飞船使用，那么飞船有效载荷的重量将可达十几吨级别。这样一来，人类就可以让无人探测器飞往邻近恒星了：那颗围绕半人马座比邻星转动的、距地球 4.24 光年远的岩石行星会成为我们首次星际旅行优先选择的目标。

如果要进行星际旅行，人类需要面对巨大的物资和能量供给挑战。在太空中用几十千米宽的太阳能板来收集太阳能并以此来获得所需的巨大能量似乎是可行的。但是这些轨道太阳能收集板的建造和运作需要强悍的太空工程建设能力作为支撑。我们还需要花好几个世纪才能走到这一步。有了这种能力后，人类肯定也不会仅出于利他主义想法或科研目的来利用它，这就意味着地球现在所面临的困境将会蔓延到太空中去。

不过，要是未来我们能在距地球较近的某系外行星的大气中发现真正的生物征迹，这必将对星际航行事业产生激励作用。从地球直接发射用激光驱动的、质量极轻的星际空间探测器在接下来几十年里应该是可以办到的，耗资估计和其他大型宇宙探索计划差不多。但是，这些探测器的有效荷载量极小，因而科研探测能力也会很弱，发射后的用途会非常局限。因此可以比较肯定地讲，星际旅行目前尚不可行，我们只能通过地面或轨道上的大型天文望远镜来增进对太阳系外行星的了解。

▲ “诺斯特罗莫号”飞船上的休眠舱。此为1979年雷德利·斯科特执导电影《异形》(*Alien*)中的场景。

◀ “创业之星”飞船，詹姆斯·卡梅隆（James Cameron）执导的电影《阿凡达》（2009）中的场景。左边是推进单元，巨大球体中装有产生推力所需的反物质，长线缆拖着货舱和生活区，末端是飞船掉头减速时用于保护乘客的防护罩。

时间膨胀

按照近光速的速度旅行会产生惊人的效果：对于飞船上的人员来讲，他们度过的时间比地球人员观察到的时间更短。1905年，阿尔伯特·爱因斯坦（1879—1955）用狭义相对论彻底改变了人们对空间和时间的认知。时间膨胀效应就来自狭义相对论。

爱因斯坦的研究建立在两个基本假设之上。首先，他将伽利略的力学相对性原理进行了推广，指出一切物理定律在所有惯性系中均有效；第二个假设则更令人震惊：光速与光源物体的运动状态无关。这彻底颠覆了传统观念。在这以前，对于我们而言，所有事件都好像被囊括在时间和空间共同组成的大“锅”里，时间一直都被视为一个原始概念，而速度则是一个衍生概念。如果速度现在成了原始概念，那么时间和空间就必须做出调整，它们应该是相对于观测者的参照系而存在的。因此，两个事件之间的时间间隔（或空间距离）取决于观测者的运动状态。波尔·安德森在他的小说中提到了一个“τ系数”（facteur tau），它指的是在飞船“莱奥诺拉·克莉丝汀号”上测得的时间长短与在地球上测得的时间长短之比。当飞船的速度无限接近真空中的光速时，这个系数将趋于零，这也是小说标题“Tau Zero”的由来。

2015 年 4 月 23 日，哈勃太空望远镜发射 25 周年时获得的图像。图为 Westerlund 2 星团，它位于天狼星 Gum 29 星云中，距离地球 20 000 光年距离。由于它形成时间尚短，恒星还没有分散开来，因此，研究人员有机会对星团的形成展开研究。

驶向无限的探测器

“目前，只拥有载人探月能力的我们尚无法前往火星和金星。在未来很长很长一段时间内，我们仍然只能在科幻小说中看到人类对太阳系外行星的探索活动。不过，我们已经找到了其他方法来接近遥远星海。”

▼ “永恒号”正在驶向一个能将其带到遥远星系的虫洞。图为 2014 年美国电影《星际穿越》（克里斯托弗·诺兰导演）的场景。

驶向无限，直到更远？

鉴于能量及物资供给能力不足，路程遥远且人生苦短，星际旅行从技术层面来讲还是一座空中楼阁。况且，狭义和广义相对论已经做出了无情预测——宇航员的社会和家庭关系将会在星际旅行过程中分崩离析。电影迷们早就在克里斯托弗·诺兰的《星际穿越》（*Interstellar*, 2014）中看到过类似情节了：虫洞可以让人少走数百万光年距离，在几分钟内从土星前往遥远的太阳系外。男主人公穿过虫洞，抵达黑洞周围并探索其邻近行星，但这也导致他和女儿的时间出现了严重的不同步。最后（剧透警告），在影片末尾，父女团聚。宇航员父亲在女儿幼时便离开了她。回到女儿身边时，比出发时只老了几岁的父亲看到的却是躺在床上已年迈濒死的女儿。

总而言之，开展星际旅行（无论是乘坐极速飞船，还是去到质量极大的天体附近）就意味着宇航员需要斩断一切牵挂。

由克里斯托弗·诺兰执导的美国电影《星际穿越》（2014）中的场景。宇航员抵达一个靠近黑洞的海洋星球。黑洞引起的时间膨胀效应构成了影片的核心冲突。

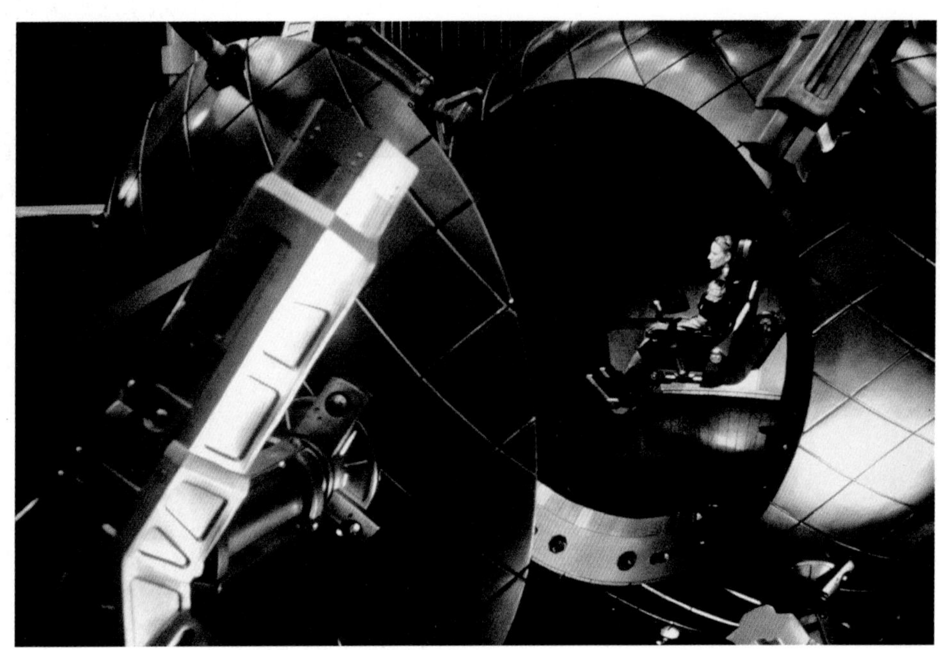

罗伯特·泽米基斯执导的美国电影《超时空接触》（1997）中的一个场景。该电影根据卡尔·萨根小说改编而来。

考虑到飞行速度和旅行时长，当宇航员们回到地球时，很有可能这里已过去数世纪甚至数千年。令人痛心的一点是，你需要在出发前和所有的亲人爱人道永别；而令人惊喜的则是，你回到家园时，已经实打实地进入了未来，地球、人类和文明都面貌一新。没错，时间旅行是存在的，爱因斯坦的方程式证明了这一点。

虽然现在尚不能亲身进行星际之旅，但人类还有其他办法可以跨越那令帕斯卡尔感到无比恐惧的“无限空间的永恒沉默”。它们中最简单的一种甚至不需要我们刻意去这么做——天文学家兼科普作家卡尔·萨根（Carl Sagan）的小说《接触》（*Contact*）中就曾提出这样一种假设。该小说于 1997 年被罗伯特·泽米基斯（Robert Zemeckis）改编为电影。小说中，科研人员艾莉·爱罗维接收到了一个外星无线电信号，内容竟然是 1936 年柏林奥林匹克运动会开幕式时希特勒发表演说的影像——这段电视转播信号被外星人转发回了它的发送者，也就是人类。

这个绝妙的例子向我们展示了人类如何向宇宙昭示自己的存在：我们用无线电传递的声音和图像以光速（和可见光一样，无线电也是电磁波的一种）飞离地球。此时的地球就相当于一个半径超 100 光年的广播范围的中心（我们在 20 世纪初实现了无线电声音传输）。如果在地球附近，恰巧存在有科技文明，他们拥有超大射电望远镜且正向地球方向进行观察，那他们就能捕捉到人类发出的电磁噪声。不过，到底能否以这种方式被观测到还是得看运气。

宣示我们的存在

就在开始太空探索后不久，我们便萌生了向宇宙里其他能听见我们声音的文明打招呼的想法。可能是因为“水手”系列探测器带回的确凿消息实在令人失望（火星是毫无生机的一片荒漠，在这之前人们一直以为火星上有文明存在），我们开始尝试去和假设中可能存在的、生活在太阳系之外的外星人取得联系。不过，打招呼还得选择一个合适的方式才行。天文学家弗兰克·德雷克（Frank Drake）和卡尔·萨根（又是这位！）于是编写了阿雷西博信息。1974 年 11 月 16 日，阿雷西博望远镜（信息因此而得名“阿雷西博”）将这则无线电信息发送到了太空中去。信息的外观是一个像素艺术风格的矩形，上面有太阳系、望远镜、DNA 结构等事物的象征图案……当然，还有一个表示人类的图形。这个加密太空漂流瓶被送往了距我们 22000 光年远的武仙座星团。阿雷西博信息正带着它那个智人简图飞往遥远星际，在等待期间，我们有充足的时间为远方可能发来的回应筹备欢迎会。

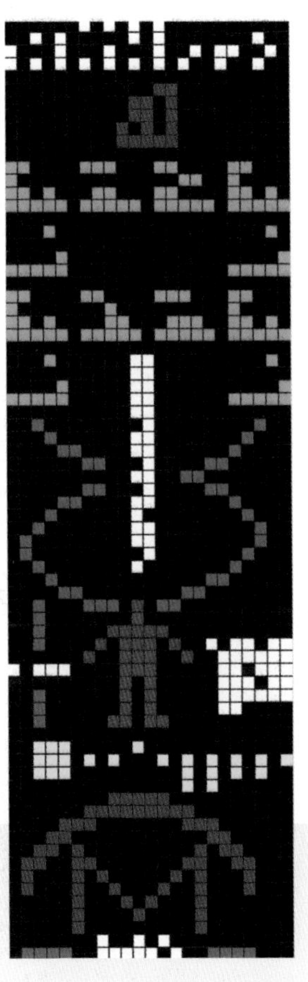

◀ 由弗兰克·德雷克和卡尔·萨根设计的阿雷西博无线电信息于 1974 年 11 月 16 日从国家科学基金会（NSF）下属的阿雷西博天文台（波多黎各）发出。为了方便识别，人们后来对信息进行了上色。

然而，问题在于：这图画得实在太简略了……图上人的头和脖子被画成了两个同样大小的、重叠在一起的方块（与其说它像与你我一样的人类，还不如说它像一个没了脑袋的乐高积木人）；承认吧，所谓的人体躯干其实就是一个四比三的长方形；手臂就是按对角线排列的三个方形，而且肩膀和手臂也难以区分开（就别指望能看清手指了）；至于下肢部分，作者把脚画得很大，看起来比例有些失调。我们只能祈祷那个收到并破译信息的地外生命看过不少地球电视节目了，不然他肯定难以把这个滑稽的动物和真实的人类形象建立起联系。如果外星生命真相信了我们专门发往星际的“首个官方形象图”，那就不太妙了。

你知道怎么破译信息吗?

阿雷西博信息是一个含有 1679 个二进制数字的位图。之所以选定 1679 这个数，是因为它等于两个质数（23 和 73）的乘积，排列时就只有两种可能性：23 行 /73 列或 73 行 /23 列。一旦地外生命排列正确，那图中就将出现以下信息：以二进制编码表示的数字 1 ~ 10，化学元素（氢、碳、氮、氧和磷，它们是地球生命存活的必需品）的原子序数，DNA 核苷酸分子式，核苷酸数量，双螺旋结构图示，一个人类简图（注明了身高信息），地球人口数量和代表太阳系、信息来源地（地球）以及阿雷西博射电望远镜（注明了规模大小）的图像。

漂流瓶

所幸，我们后来在制作名片方面还是有所进步的。“先驱者 10 号”和“先驱者 11 号”分别于 1972 年和

1973年离开地球，前去探索远方的巨大行星们。两个探测器上带有同样的金属牌（堪称人类历史上寄得最远的明信片）。在这两块由弗兰克·德雷克和卡尔·萨根（他俩总负责这种差事）设计的金属牌上，琳达·萨尔兹曼·萨根（Linda Salzman Sagan）画了一个男人和一个女人，二人的穿着极尽朴素之能事（全裸）。这次，只要捕获这些探测器的生物有眼睛，他们就能轻松明白我们到底长什么样子。不过，我们得说，比起反映人类这个物种，这幅画作其实更多地反映了那个年代的风气……

从符号学的角度来看，图像中人物位置的选择非常耐人寻味。按照从左到右的阅读方向，男性排在前面，其次才是女性。这个男人朝向正面，直视阅读者，还做了一个手势：这是一个主动的形象。而女人则朝向男人，呈四分之三侧面角度，没有表现出独立的意愿。她看向远方，仿佛事不关己一样退居在后：这是一个被动的形象。

从解剖学的角度来看，人体的骨骼和比例都把握得很好。但我们能注意到这个人的肌肉比一般人要发达。这两具身体是西方人的身体，年轻、健康，除了头发以外没有其他毛发，可以看见手指、脚趾以及肚脐。而且，由于当时风气保守，画中女性的性器官被隐去了……不过还好，外星人看到这些图画的概率接近零，要不然外星人科学家可能指责我们隐瞒了重要信息。糟糕的是，这些“淫秽”图画让很多美国人感到被冒犯（这是真事），美国宇航局引以为戒，因此也就没让一个裸体男人和一个裸体孕妇的照片出现在下一次发射的“漂流瓶”里。1977年，两个“旅行者”探测器上带着的是“旅行者号黄金唱片”，这个名为“地球之音”的唱片收录了大自然、人类和动物发出的声音，还有文字朗读录音和音乐。“金唱片”上也刻了一些图像。不过，还是那句话，人类所做的选择——信息传递的形式（唱片盘）、所含信息内容和某些资料的缺失（比如，著名的裸体照片）——更多地体现了设计者所处的那个特定时代的文化特点，而非人类本身。这一点应该会让收到信息的外星人社会学家们兴奋不已。

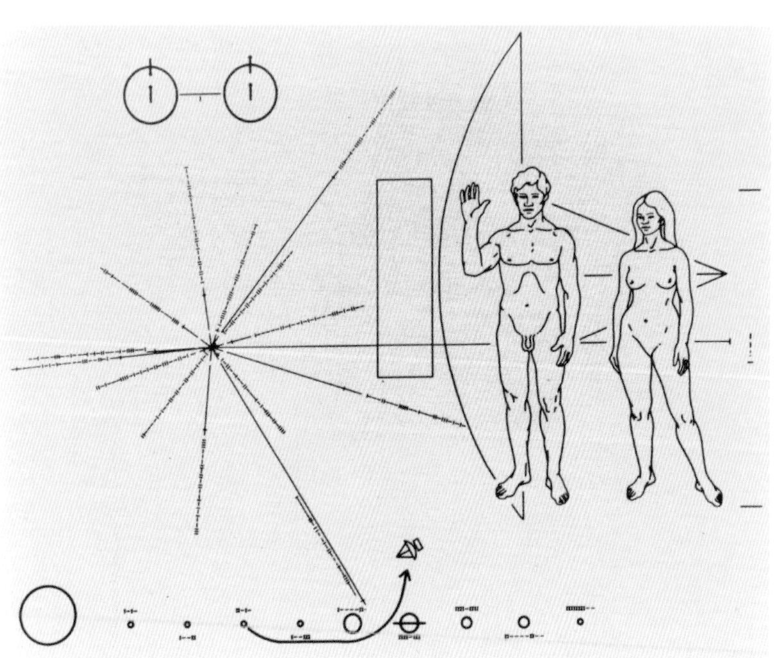

◀ 由天文学家弗兰克·德雷克和卡尔·萨根设计的图像。20世纪70年代，它被刻在小金属牌上并由“先驱者10号”和“先驱者11号”带去太空。“先驱者10号”向毕宿五飞去，估计它要花超过200万年才能到达目的地。

▶ 为避免“旅行者金唱片”被流星体撞击磨损而打造的防护用镀金铝唱片封面。“旅行者1号”和“旅行者2号”带着记录了“地球之音”的唱片飞向深空。

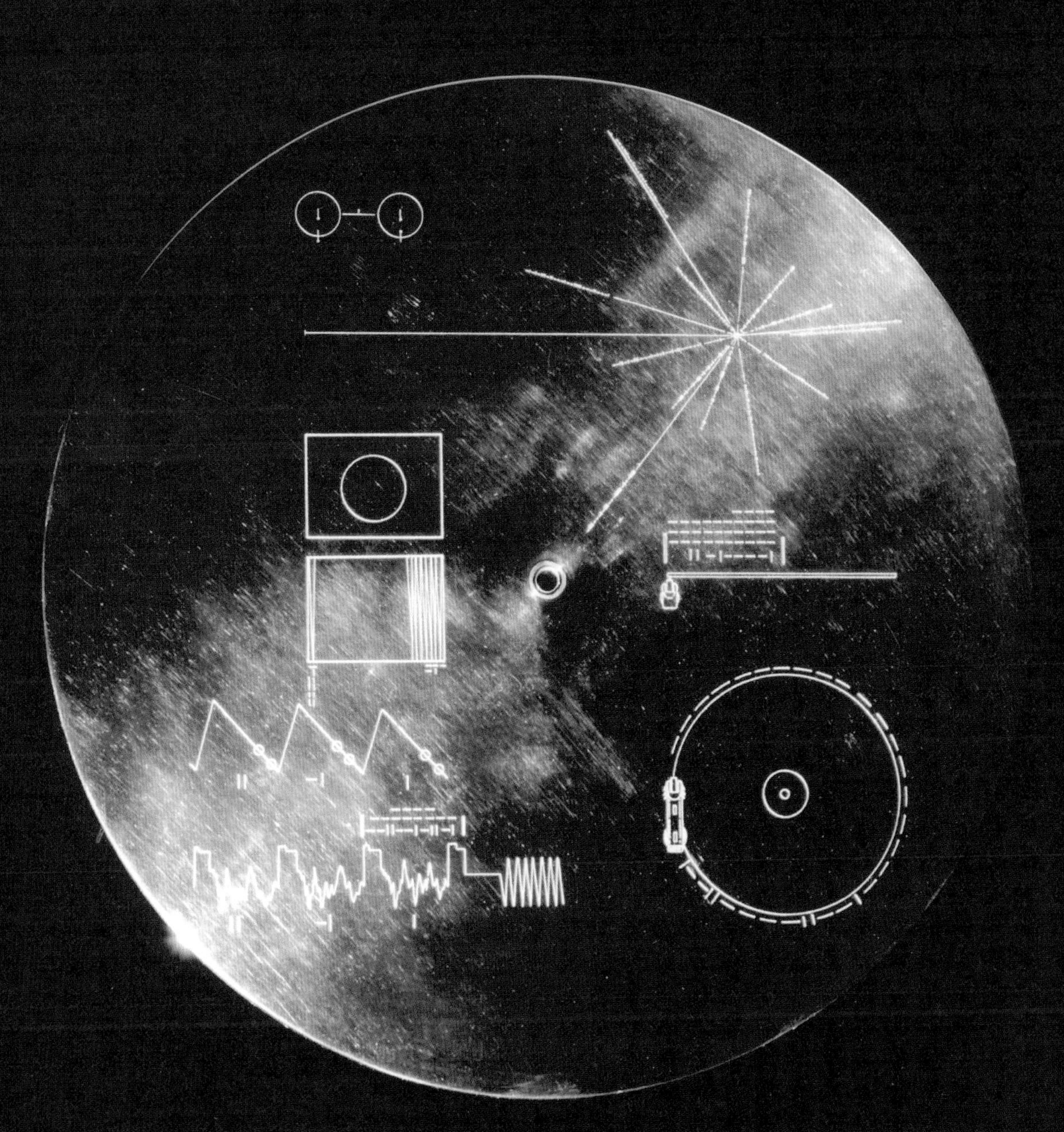

▲ 克莱德·汤博（1906—1997），冥王星的发现者，照片拍摄于美国亚利桑那州弗拉格斯塔夫（1931 年 8 月 31 日）。

几步，几克

关于“旅行者金唱片”上携带的声音和图像，有个问题很值得思考：当我们写下这些文字时，“唱片”正位于距我们约 100 亿千米处的太空中，它们可能将在几百万年后邂逅第一颗恒星。等外星人收到信息时，我们人类是不是已经进化了呢？那时还有智人存在吗？会不会人类已经进化出了好几个独立发展的分支？这些问题很有意思。虽然物理学定律告诉我们，去到我们星球的未来是可能的，但目前还没有技术能支持我们飞得足够快或者进入环黑洞轨道，因此我们也没办法在一个宇航员一生耗尽之前去到未来、找到答案。

曾有十二个幸运儿登上月球。这些人在那里留下了足迹以及……他们身上的一些东西（主要是排泄物以及呕吐物）。除了他们之外，再也没有人去过我们忠诚的卫星及其以外的广阔空间了。不过，还得除开美国“新视野号”上的“乘客”。这个探测器于 2006 年从地球起飞，在 2015 年飞掠冥王星并发回了我们从未见过的壮丽图景。“新视野号”上不仅有维持探测器运作的装置和与地球进行通信的设备，还有一个小瓮，里面装了几克骨灰，它来自冥王星的发现者——于 1997 年去世的天文学家克莱德·汤博（Clyde Tombaugh）。所以可以说，在离我们几十亿千米远处，一小份人类“样品”正在漫游……

虽然现在无法进行真正的载人星际探索任务，但是想想那些科幻故事，想想已经发送的图像以及我们此前许多次邂逅地外生命的尝试吧，它们可以带给我们些许安慰。最后，最令人感叹的，同时也是需要我们记住的一点是，我们发送的这些探测器、信息和图片将会比我们“活”得更长久。

▼ P206~207：2020 年，哈勃太空望远镜在发射 30 周年之际获得的图像。图上可见大麦哲伦云中的红色星云 NGC 2014 和蓝色星云 NGC 2020。

P208~209：钱德拉 X 射线太空望远镜、哈勃太空望远镜以及智利的甚大望远镜（VLT）获得的图像，图为小麦哲伦星系中的超新星 E0102-72.3 的遗迹。

P210~211：草帽星系（M104）。该图像由哈勃太空望远镜于 2003 年 5 月至 6 月拍得。草帽星系的显著特点就是那颗被吸光尘埃带环绕的明亮白色核心。

根据“新视野号”探测器于 2015 年 7 月 14 日拍摄的图像制作的冥王星图片。这片有陨石坑存在的阴暗区域被起名为“克苏鲁”（Cthulhu），上方大片冰原地区则被称为 “斯普特尼克平原”（Sputnik Plain）。

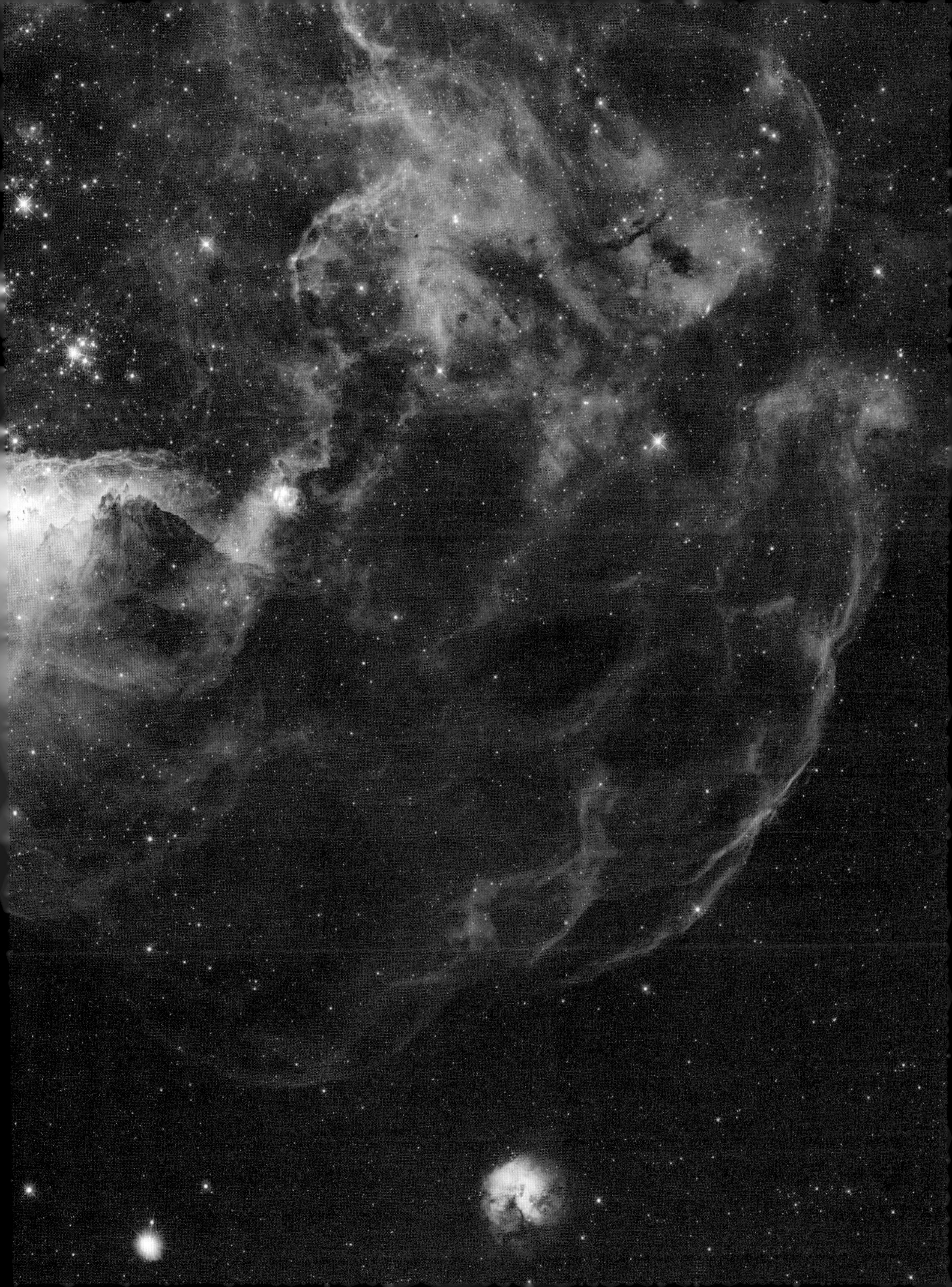

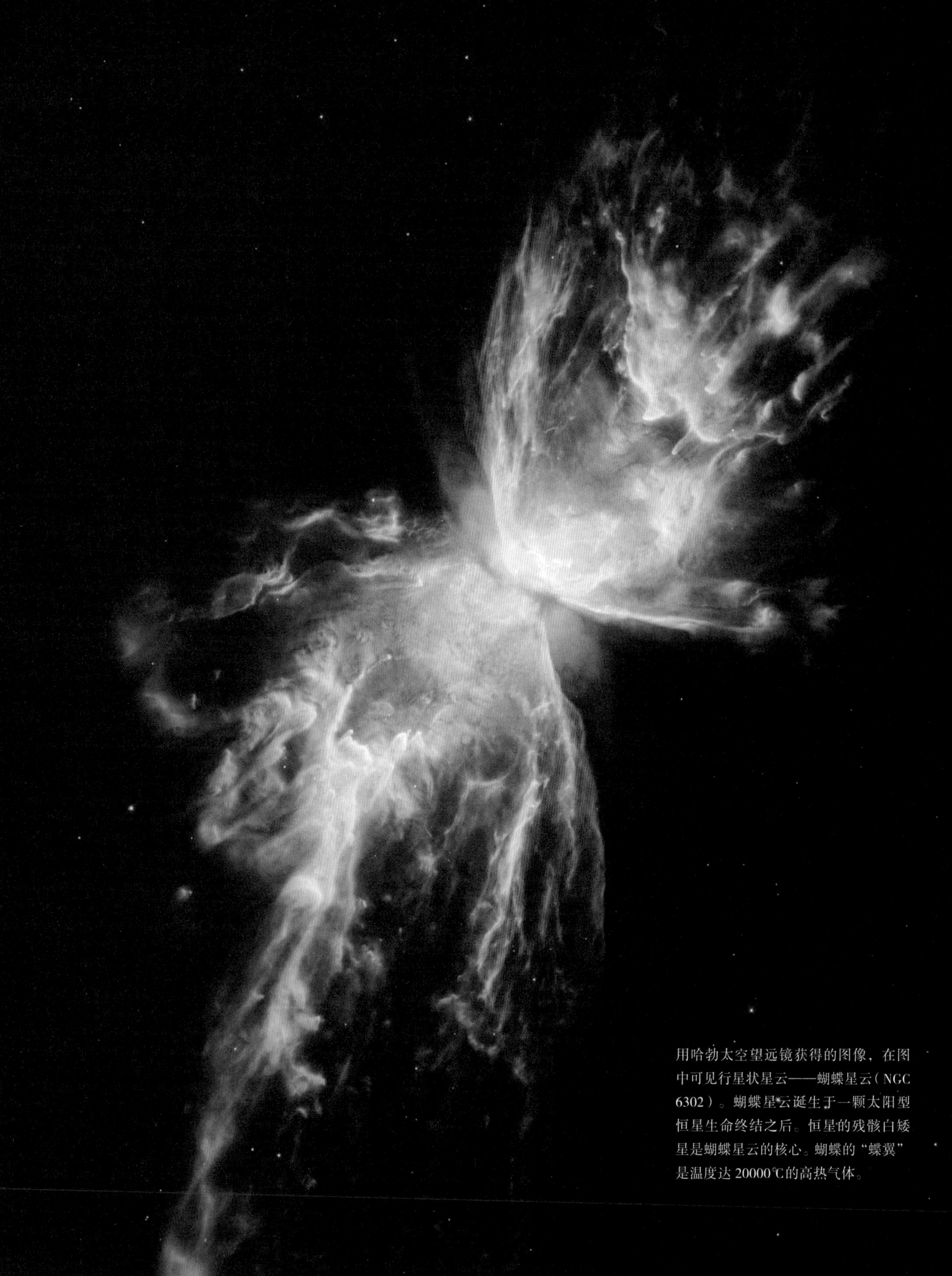

用哈勃太空望远镜获得的图像，在图中可见行星状星云——蝴蝶星云（NGC 6302）。蝴蝶星云诞生于一颗太阳型恒星生命终结之后。恒星的残骸白矮星是蝴蝶星云的核心。蝴蝶的“蝶翼”是温度达 20000℃的高热气体。

图片版权

第 4 到 5 页，6 到 7 页，11 页：美国宇航局；第 12 页：布里奇曼图片资源库（Bridgeman Images）；第 13 页：美国国会图书馆，珍本和特藏部；第 14 页：别处之宅博物馆（Coll. Maison d' Ailleurs）/ 火星社（Agence Martienne）；第 15 页：火星社；第 16 页上图：史密森尼图书馆与档案馆；第 16 页下图：美国宇航局 / 马歇尔太空飞行中心；第 17 页：格兰杰 / 布里奇曼图库；第 18 页：美国宇航局 / 戈达德太空飞行中心；第 19 页上图：美国宇航局 / 戈达德太空飞行中心；第 19 页下图：SZ 图片（SZ Photo）/ 布里奇曼图片资源库；第 20 页：格兰杰 / 布里奇曼图库；第 21 页：维基媒体；第 22 页：科学图片库（Science Photo Library）/Akg 图片（akg-images）；第 23 页上图和下图：看与学（Look and Learn）/ 埃尔加系列（Elgar Collection）/ 布里奇曼图片资源库；第 24 页：Booyabazooka（维基百科）；第 25 页：科学图片库 / 维克多·哈比克（Victor Habbick Visions）；第 26 页：帕特·罗林斯 / 美国宇航局；第 28 页：埃诺 – 波洛斯昆 / 盖蒂图片库（Getty Images）；第 29 页：1989，查尔斯·谢菲尔德。1989 年由企鹅出版集团出版，经企鹅出版集团授权使用；第 30 页：菲利普·布歇 / 芒舒；第 32 页：SZ 图片 / 舍尔 / 布里奇曼图片资源库；第 33 页：MEPL/ 布里奇曼图片资源库；第 34 页上图：布里奇曼图片资源库；第 34 页下图：马里奥·德·比亚西 / 蒙达多里图片库（Mondadori Portfolio）/Akg 图片；第 35 页：布里奇曼图片资源库；第 36 页：美国宇航局；第 37 页：格兰杰 / 布里奇曼图库；第 38 到 39 页和第 40 页：美国宇航局；第 41 页上图：Sovfoto/ 环球图片（Universal Images Group）/ 布里奇曼图库；第 41 页下图：Sovfoto/ 环球图片 /Akg 图片；第 42 页上图：美国宇航局；第 42 页下图：拉尔夫·莫尔斯 /《生活》图片集（The LIFE Picture Collection）/ Shutterstock 图片库；第 43 页：詹姆斯·麦克迪维特 / 美国宇航局；第 44 页：AP/SIPA；第 45 页：美国宇航局 /Novapix/ 布里奇曼图片资源库；第 46 到 47 页：环球历史档案（Universal History Archive）/ 布里奇曼图片资源库；第 49 页：美国宇航局；第 50 页：瓦尔特·莫利诺　火星社（Coll. Agence Martienne）；第 51 页：FotograFFF/Shutterstock 图库；第 52 页：私人收藏；第 53 页：The History Collection/ 阿拉米（Alamy）/Photo12 图库；第 54 页：私人收藏；第 55 页：美国宇航局；第 57 页：经弗兰克·保罗继承者授权使用。图片　别处之宅博物馆（Coll. Maison d' Ailleurs）/ 火星社（Agence Martienne）；第 58 页：1969，林德伯格公司（Lindberg Products, Inc），斯科基。图片　伊夫·博松 / 别处之宅 / 火星社；第 59 页：经罗贝尔·拉丰出版社许可使用　火星社；第 60 页：彭妮出版公司（Penny Publications）/ 戴尔杂志（Dell Magazines）。图片　别处之宅 / 火星社；第 61 页：埃弗里特系列（Everett Collection）/Aurimages；第 62 页：别处之宅 / 火星社；第 63 页：火星社；第 64 页：（图片转载自《太空殖民化》，作者是杰瑞德·欧尼尔（1927—1992），原载于 1974 年 9 月《今日物理》，经美国物理学会许可使用）；第 65 页上图：美国宇航局；第 65 页下图：来自　Debiansid（维基百科）；第 66 和 67 页：美国宇航局；第 69 页：奥里维埃·布瓦萨尔和皮埃尔·马克思，2009；第 70 到 71 页：索尼影视娱乐有限公司 / 科巴尔收藏（The Kobal Collection）/Aurimages；第 73 到 76 页：美国宇航局；第 77 页：德特勒夫·范雷文斯韦 / 科学图片库；第 78 到 79 页：欧洲航天局 / 美国宇航局、托马·佩斯凯；第 80 页：美国宇航局；第 81 页：美国宇航局 /Novapix/ 布里奇曼图库；第 82 到 87 页：美国宇航局；第 88 页：别处之宅 / 火星社；第 89 页：法国国家图书馆；第 90 页：火星社；第 91 页：格兰杰图库，纽约（The Granger Collection NY）/Aurimages 图片；第 92 页：马塞尔·让让　Adagp, 巴黎，2021。图片　火星社；第 93 页：库尔特·德让。图片　德国乌发电影公司（Ufa）/ 科巴尔收藏 /Aurimages；第 94 页上图：火星社；第 94 页下图：美国宇航局；第 95 页：埃弗里特系列 /Aurimages；第 96 页：经弗兰克·保罗继承者授权使用。图片　别处之宅 / 火星社；第 97 页：美国宇航局；第 98 页：Novespace/ 空客零重力飞机；第 99 页：火星社；第 101 和 102 页：美国宇航局；第 103 页：MPI/ 盖蒂图片；第 104 页：拉尔夫·莫尔斯 /《生活》图片集（The LIFE Picture Collection）/ Shutterstock；第 105 页：美国宇航局；第 106 页：美国宇航局 /《生活》图片集 / Shutterstock；第 108 到 125 页：美国宇航局；第 126 页：火星社；第 127 到 129 页：经弗兰克·保罗继承者授权使用。图片　火星社；第 130 页：詹姆斯·迪莫克 /Syfy 电视台 / 网飞（Netflix）/ 科巴尔（Kobal）/ 雷克斯（REX）。图片：科巴尔收藏（The Kobal Collection）/Aurimages；第 131 页：美国宇航局 / 喷气推进实验室 / 亚利桑那大学 / 爱达荷大学；第 132 页：凯文·吉尔，"卡西尼号"探测器：美国宇航局 / 喷气推进实验室 – 加州理工学院 / 空间研究所（SSI）/"卡西尼号"探测器官方图片（CICLOPS）；"新视野号"探测器：美国宇航局 / 美国西南研究院（SwRI）/ 约翰霍普金斯大学应用物理实验室（JHAPL）；"朱诺号"探测器：美国宇航局 / 喷气推进实验室 – 加州理工学院 / 美国西南研究院 / 马林太空科学系统（MSSS）；印度空间研究组织（ISRO）火星轨道探测器：印度空间组织 / 印度空间科学数据中心（ISSDC）；"旅行者号""伽利略号"探测器：美国宇航局 / 喷气推进实验室 – 加州理工学院；"罗塞塔号"：欧洲航天局 / 欧洲航天局任务规划系统（MPS）/ 可见光及红外遥控成像系统团队（OSIRIS Team）；"信使号"：美国宇航局 / 约翰霍普金斯大学应用物理实验室 / 美国华盛顿卡耐基研究所；"拂晓号"：日本宇宙航空研究开发机构（JAXA）/ 日本空间科学研究所（ISAS）/ 航天数据记录传输系统（DARTS）；第 133 页：Akg 图片；第 134 页：美国宇航局 / 喷气推进实验室；第 135 页：美国宇航局 / 喷气推进实验室 – 加州理工学院 / 美国西南研究院 / 马林太空科学系统，由 AliAbbasiPov 进行图片处理　CC BY；第 136 页：美国宇航局 / 约翰霍普金斯大学应用物理实验室 / 美国西南研究院；第 137 页：维基百科；第 138 页：欧洲南方天文台 / 马丁·科恩梅塞尔；第 139 页：二十世纪福克斯 /BBQ _DFY/Aurimages；第 140 页上图和下图：美国宇航局 / 喷气推进实验室；第 141 页：美国宇航局 / 喷气推进实验室 – 加州理工学院 / 外星生命探寻研究所（SETI Institute）；第 142 页：美国宇航局 / 喷气推进实验室 – 加州理工学院；第 143 页：美国宇航局 / 喷气推进实验室 / 约翰霍普金斯大学应用物理实验室；第 145 页：火星社；第 147 页：美国宇航局 / 约翰霍普金斯大学应用物理实验室 / 华盛顿卡耐基研究所；第 148 页上图：美国宇航局 / 喷气推进实验室 – 加州理工学院；第 148 页下图：泰德·斯特里克；第 149 页：科学图片库 / 阿拉米（Alamy）/Photo12；第 150 页：美国宇航局美国地质勘探局；第 152 到 153 页：美国宇航局 / 喷气推进实验室；第 154 页上图：美国宇航局 / 喷气推进实验室；第 154 页下图：美国宇航局 / 喷气推进实验室 / 马林太空科学系统；第 155 页上图：二十世纪福克斯 /BBQ _DFY/Aurimages；第 155 页下图：试金石影业（Touchstone）/ 科巴尔收藏 /Aurimages；第 156 页上图：华纳兄弟影业 /BBQ _DFY/Aurimages；第 156 到 157 页：美国宇航局 / 喷气推进实验室 – 加州理工学院 / 康奈尔大学；第 158 页：欧洲航天局 / 德国宇航中心（DLR）/ 柏林自由大学（耶哈德·诺伊库姆），CC BY-SA 3.0 IGO；第 159 页和第 160–161 页：美国宇航局 / 喷气推进实验室 / 马林太空科学系统；第 162 页：美国宇航局 / 喷气推进实验室 – 加州理工学院 / 马林太空科学系统 / 托马·阿佩雷；第 163 页：美国宇航局；第 165 页：美国宇航局 / 喷气推进实验室 – 加州理工学院 / 马林太空科学系统 / 托马·阿佩雷；第 167 页：美国宇航局 / 喷气推进实验室 – 加州理工学院；第 169 页：美国宇航局；第 171 页：大卫·拉姆齐地图收藏库（David Rumsey Map Collection），大卫·拉姆齐地图收藏中心，斯坦福大学图书馆；第 172 页：巴巴克·塔弗雷希 /Novapix/ 布里奇曼图库；第 174 页：美国宇航局；第 175 页上图：美国宇航局；第 175 页下图：美国宇航局；第 176 页：科学图片库 / 大卫·哈迪；第 177 页：火星社；第 179 到 181 页：经弗兰克·保罗继承者授权使用。图片　火星社（除 180 页下方左图：经弗兰克·保罗继承者授权使用。图片　别处之宅 / 火星社）；第 182 页：美国航天航空学会，论文编码 2003–4696，作者为罗伯特·弗里斯比　2003，美国航空航天学会；第 183 页：埃弗里特系列 /Aurimages；第 185 页：欧洲航天局 / 哈勃望远镜和美国宇航局；第 186 页：别处之宅 / 火星社；第 187 页：美国行星协会（The Planetary Society）；第 189 到 190 页：喷气推进实验室 / 美国宇航局；第 191 页：乔·贝热龙；第 193 页：贝利阿尔出版社，芒舒；第 194 页：二十世纪福克斯 /BBQ _DFY/Aurimages；第 195 页：玛丽·伊万斯 /Aurimages；第 196 到 197 页：美国宇航局，欧洲航天局，哈勃遗产团队（太空望远镜科研所 / 大学天文研究协会），安东内拉·诺塔（欧洲航天局 / 太空望远镜科研所），以及 Westerlund 2 科研团队；第 198 页：SunsetBox/AllPix/Aurimages；第 199 页：派拉蒙影业 / 华纳兄弟 / 科巴尔收藏 /Aurimages；第 200 页：华纳兄弟影业 / 南方娱乐（Southside Amusement Co）/ 科巴尔收藏 /Aurimages；第 201 页：开放美工图库（Open Clip Art Library）；第 202 页：美国宇航局艾姆斯研究中心；第 203 页：美国宇航局；第 204 页：贝特曼 / 盖蒂图片；第 205 页：美国宇航局 / 喷气推进实验室 / 约翰霍普金斯大学应用物理实验室；第 206 到 207 页：美国宇航局 / 欧洲航天局 / 太空望远镜科研所；第 208 到 209 页：X 射线（美国宇航局 / 钱德拉 X 射线中心 / 欧洲南方天文台 / 玛丽萨·福格特等人）；光学（欧洲南方天文台 / 甚大望远镜 / 多元探索光谱仪），光学（美国宇航局 / 太空望远镜科研所）；第 210 到 211 页：美国宇航局和哈勃遗产团队（太空望远镜科研所 / 大学天文研究协会）；第 212 页：美国宇航局，欧洲航天局，乔尔·卡斯特纳（罗切斯特理工学院）；第 214 页：美国宇航局，欧洲航天局，哈勃遗产团队（太空望远镜科研所 / 大学天文研究协会）– 欧洲航天局 / 哈勃望远镜；鸣谢：布拉德利·惠特莫尔（太空望远镜科研所）。

我们努力进行了搜索，但仍无法联系到书中某些图片的所有者。如果他们能够知晓，请立即与出版社联系。

致谢

感谢奥德·芒图（Aude Mantoux）提议我写作本书，也感谢马蒂尼埃出版社团队的高质量工作。与弗洛朗丝·波塞尔的合作令我非常愉快，我也为能与她一起完成这部作品感到荣幸。关于太空探索先驱们，我一直是这么想的：那些梦想着探索太空的人最终能飞入太空，其实是多亏了那些梦想着探索太空却没能亲自办到的人。最后我想说，我丝毫都不感谢那些尝试将太空据为己有者，因为太空是全人类的共同财产。

——罗兰·勒乌克（Roland Lehoucq）

感谢马蒂尼埃出版社的成员们，有了你们，这本书才能顺利诞生。感谢那些已经、正在和将要为无人/载人探索太空和迷人天体的任务做出贡献的人们。感谢托马·阿佩雷（Thomas Appéré）在火星车图像处理方面的出色工作，感谢维尔日妮·萨拉赞（Virginie Sarrazin）和昆廷·拉扎罗托（Quentin Lazzarotto）在本书写作过程中给予我们的帮助。最后，也谢谢罗兰·勒乌克向我发出的邀请，与他共同撰写此书是一份殊荣，我为此感到骄傲。

——弗洛朗丝·波塞尔（Florence Porcel）

◀ 触须星系（NGC 4038-4039），哈勃望远镜所摄图片。在几亿年间，两个星系碰撞交融，碰撞的过程中，数十亿颗恒星诞生。它们最后可能发展为一个椭圆星系。

图书在版编目（CIP）数据

星空寻梦：梦想照进现实的乐章 /（法）罗兰 · 勒乌克 (Roland Lehoucq)，（法）弗洛朗丝 · 波塞尔 (Florence Porcel) 著；王彤译 . -- 北京：中译出版社，2023.5

ISBN 978-7-5001-7280-2

Ⅰ . ①星… Ⅱ . ①罗… ②弗… ③王… Ⅲ . ①天文学－普及读物 Ⅳ . ① P1-49

中国国家版本馆 CIP 数据核字 (2023) 第 038188 号

星空寻梦：梦想照进现实的乐章
XINGKONG XUNMENG：MENGXIANG ZHAOJIN XIANSHI DE YUEZHANG

作　　者　[法] 罗兰 · 勒乌克 / [法] 弗洛朗丝 · 波塞尔
译　　者　王　彤
策划编辑　温晓芳　周晓宇
责任编辑　温晓芳
营销编辑　梁　燕
装帧设计　远 · 顾　单　勇
地　　址　北京市西城区新街口外大街 28 号普天德胜主楼四层
电　　话　(010) 68002926
邮　　编　100088
电子邮箱　book@ctph.com.cn
网　　址　http://www.ctph.com.cn
印　　刷　北京盛通印刷股份有限公司
经　　销　新华书店
规　　格　880mm × 1230mm 1/16
印　　张　13.5
字　　数　150 千字
版　　次　2023 年 5 月第 1 版
印　　次　2023 年 5 月第 1 次

I S B N　978-7-5001-7280-2
定　　价　119.00 元